U0165291

給企業人的法律書2

營業秘密保護大作戰

序：法律，原來就在我們身邊！

想像一下：一個年輕工程師，憑借自己的天賦和努力，開發出劃時代的創新技術。但就在即將獲得成功的關鍵時刻，他卻發現自己的核心技術被竊取，多年心血付之一炬。這不是科幻電影，而是真實可能發生在你我身邊的故事。

你是否曾經覺得，法律是遙不可及的專業術語？是否總認為那些艱深的條文與自己無關？事實上，法律就像無形的守護者，如空氣般靜默地環繞在我們生活的每一個角落，安靜卻又不可或缺。

在這個瞬息萬變的時代，誰能保證自己一生都能避開法律的糾纏？從職場的加班費爭議，到創業者面臨的股權設計；從#MeToo帶來的職場倫理挑戰，到企業傳承的複雜難題；從ESG議題到數位經濟的新興領域——法律正悄然滲透 into 我們生活的每一個細節。

為什麼這本書與眾不同？

本書匯集了寰瀛法律事務所30多位律師的專業智慧，透過54個真實而震撼人心的案例，我們將把法律從高牆上的象牙塔拉下來，還原成鮮活、breathtaking的日常故事。這不僅是一本法律書，更像是一部揭開社會神秘面紗的偵探小說。

無論你是步履匆忙的上班族、懷抱夢想的創業者、理性的投資人，還是剛踏入社會的新鮮人，相信你都能在這裡找到意想不到的洞見。我們要告訴你：法律並非冰冷的條文，而是保護和賦能每一個人的智慧工具。

｜法律，真的可以這麼有趣！

讓我們一起拋開刻板印象，用更開放、更友善的心態重新認識這位默默守護我們的「朋友」。讀完這本書，你會驚喜地發現：懂法律，不僅是保護自己，更是賦予生活更深層的智慧！

寰瀛法律事務所

葉大殷 創所律師

- 日本慶應大學法學部研究
- 日本名城大學法學碩士
- 國立政治大學法學士

專業領域

不動產、併購、白領犯罪、法令遵循與公司治理、家族治理與企業傳承、訴訟與仲裁、工程法律

李立普 執行長／主持律師

- 美國聖路易華盛頓大學法學博士
- 美國聖路易華盛頓大學法學碩士
- 私立東海大學法學士

專業領域

不動產、併購、金融、跨國業務、法令遵循與公司治理、家族治理與企業傳承、新興科技、訴訟與仲裁、稅務

李貞儀 主持律師

- 美國富蘭克林皮爾斯法學院法學碩士
- 國立臺灣大學法學碩士
- 國立臺灣大學法學士

專業領域

智慧財產權、生技醫藥、勞資關係、不動產、法令遵循與公司治理、新興科技、訴訟與仲裁、工程法律

陳秋華 主持律師

- 國立政治大學法學碩士
- 國立政治大學法學士

專業領域

反壟斷與不公平競爭、併購、跨國業務、訴訟與仲裁、工程法律

黃國銘 策略長／主持律師

・國立臺灣大學會計學研究所碩士生
・英國倫敦大學皇后瑪麗學院銀行法與金融法碩士
・私立東吳大學法學士

專業領域
智慧財產權、白領犯罪、法令遵循與公司治理、家族治理與企業傳承、訴訟與仲裁、大數據與資料保護

江如蓉 資深合夥律師

・國立臺灣大學法學博士
・國立臺灣大學法學碩士
・國立臺灣大學法學士

專業領域
不動產、白領犯罪、法令遵循與公司治理、家族治理與企業傳承、訴訟與仲裁

王雪娟 資深合夥律師／個人資料管理師

・美國印第安那大學摩利爾法學院法學碩士
・國立臺北大學法學碩士
・國立中興大學法學士

專業領域
智慧財產權、生技醫藥、勞資關係、不動產、法令遵循與公司治理、新興科技、訴訟與仲裁、工程法律

蘇佑倫 資深合夥律師／專利師

・美國加州大學柏克萊分校法律碩士
・交通大學科技法律研究所碩士班
・國立台灣大學農化所生物化學組碩士

專業領域
智慧財產權、反壟斷與不公平競爭、生技醫藥、跨國業務、新興科技、訴訟與仲裁、大數據與資料保護

潘怡君 副執行長／資深合夥律師

・日本名古屋大學法學碩士
・國立臺灣大學法學士

專業領域
反壟斷與不公平競爭、勞資關係、併購、金融、跨國業務、法令遵循與公司治理、家族治理與企業傳承

郭維翰 資深合夥律師

・國立中正大學財經法律研究所

專業領域
智慧財產權、法令遵循與公司治理、家族治理與企業傳承、新興科技、訴訟與仲裁、白領犯罪

洪國勛 合夥律師

・國立臺灣大學法律學院碩士
・私立東海大學法學士

專業領域
反壟斷與不公平競爭、行政法與行政救濟、不動產、白領犯罪、法令遵循與公司治理、家族治理與企業傳承、新興科技、訴訟與仲裁、稅務、工程法律、大數據與資料保護

涂慈慧 資深顧問／國際公認反洗錢師 CMAS

・美國聖路易華盛頓大學法學博士（J.D.）
・美國聖路易華盛頓大學法學碩士
・私立輔仁大學法研所碩士
・國立臺北大學財經法學系學士

專業領域
併購、金融、跨國業務、法令遵循與公司治理

黃俊凱 合夥律師

・德國柏林洪堡大學博士候選人
・德國柏林洪堡大學法學碩士
・國立政治大學法學碩士
・私立文化大學法學士

專業領域
反壟斷與不公平競爭、行政法與行政救濟、跨國業務、新興科技、大數據與資料保護

何宗霖 合夥律師

- 國立臺灣大學法律學系財經法學組
- 國立臺灣大學法律學研究所

專業領域

勞資關係、不動產、跨國業務、訴訟與仲裁

鄧輝鼎 助理合夥律師／會計師

- 私立輔仁大學學士後法律學系學士
- 私立淡江大學會計學系碩士
- 私立淡江大學會計學系學士

專業領域

不動產、併購、家族治理與企業傳承、訴訟與仲裁、稅務

魏芳瑜 助理合夥律師

- 國立臺灣大學法學士

專業領域

不動產、白領犯罪、訴訟與仲裁、工程法律

陳宣宏 助理合夥律師

- 國立臺北大學法律學碩士
- 國立臺灣大學醫學檢驗暨生物技術學士
- 國立臺灣大學法律學系輔修

專業領域

生技醫藥、新興科技、訴訟與仲裁、工程法律

謝佳穎 助理合夥律師

- 國立臺灣大學法律學研究所公法組碩士
- 私立東吳大學法學士

專業領域

反壟斷與不公平競爭、行政法與行政救濟、不動產、訴訟與仲裁、工程法律

葉立琦 助理合夥律師

- 美國南加州大學法學院法學碩士
- 私立東吳大學財經法組碩士
- 私立東吳大學法學士

專業領域
不動產、併購、金融、家族治理與企業傳承、新興科技、訴訟與仲裁、跨國業務

吳宜璇 資深律師

- 國立政治大學法律學系碩士
- 國立臺灣大學法律學系學士

專業領域
行政法與行政救濟、不動產、訴訟與仲裁、工程法律

張天界 資深律師

- 國立臺灣大學法學碩士（公法組）
- 私立東吳大學法律系學士、雙主修日本語文學系
- 日本北海道大學法學研究科特別聽講生（2014-2015）

專業領域
行政法與行政救濟、跨國業務、法令遵循與公司治理、訴訟與仲裁、工程法律

林禹維 資深律師

- 國立臺北大學法學碩士（財經法組）
- 私立文化大學法學士（財經法組）

專業領域
不動產、家族治理與企業傳承、訴訟與仲裁、工程法律

謝騏安 律師

- 國立台灣大學法學碩士（商法組）
- 國立台灣大學法學士

專業領域
智慧財產權、新興科技、訴訟與仲裁、行政法與行政救濟

劉芷安 律師

・國立政治大學法律學系碩士（勞動法與社會法組）
・國立政治大學法律學系學士

專業領域
勞資關係、法令遵循與公司治理、新興科技、訴訟與仲裁、工程法律

吳毓軒 律師

・國立政治大學法律科際整合研究所碩士
・國立臺灣大學政治學系學士

專業領域
併購、法令遵循與公司治理

呂宜樺 律師

・臺灣大學農業經濟研究所碩士
・臺北大學企業管理學系學士

專業領域
不動產、法令遵循與公司治理、訴訟與仲裁

詹抒靜 律師

・國立臺灣大學法學碩士（經濟法組）
・國立政治大學法律學士

專業領域
智慧財產權、生技醫藥、訴訟與仲裁、大數據與資料保護

黃子豪 律師

・國立臺北大學法律學研究所公法組碩士
・國立政治大學法學士
・國立政治大學地政學系土地資源規劃組學士

專業領域
不動產、勞資關係、新興科技、行政法與行政救濟、訴訟與仲裁

目錄
Contents

CHAPTER
1

第一章
ESG 永續發展

01 離岸風電行政契約的履約爭議解決途徑

黃俊凱｜寰瀛法律事務所合夥律師／台灣能源數位轉型聯盟法務總監

2020 年起，因 COVID-19 疫情，各行各業和全球供應鏈大受影響，台灣離岸風電工程也不例外，第一階段、第二階段各風場原定於 2021、2022 完工期程，因遭遇疫情，導致許多工程延宕，因此分別向經濟部提出展延申請。

另外，針對離岸風電國產化政策，監察院於 2022 年 7 月中提出調查報告——原定水下基礎等 20 餘項國產化項目，對於從未接觸過相關產業的我國廠商來説，克服陡峭學習曲線的難度與時間要高於當初預期，一些零組件本土廠商難以配合併網時程提供產能，因此，開發商也可能必須向經濟部申請調整國產供應目標與數量。

無論是疫情影響原定期程，或是國產化不符原來承諾，參照經濟部（甲方）公告與開發商（乙方）的行政契約範本，乙方可能會有違約責任，輕則計罰違約金，情節嚴重者，將來營運後一段期間內生產的電能，僅得以較低費率計價。

履約爭議處理方式

對於履約爭議，離岸風電行政契約爭議處理條款約定以下三種處理方式：

1. 雙方基於公共利益、公平合理、誠信和諧，盡力協調解決。

通常在履約過程中由雙方協調解決，例如風場受疫情影響進度，乙方得依行政契約提展延申請，由甲方先審查其展延理由是否確屬行政契約約定的不可

▲因 COVID-19 疫情，台灣離岸風電工程也受到延宕。

抗力或不可歸責正當事由，始得決定是否同意風場展延期限。或者，如果國內廠商產製量能與進度不如預期，經乙方提出國產化項目變更申請後，由甲方召開產業關聯諮詢和審查會議，雙方進行協議，再決定是否同意乙方調整供應目標或數量。

2. 未能達成協議者，得提起行政訴訟。

3. 依雙方合意之其他方式處理。

若雙方未能達成協議，除了提起行政訴訟的途徑外，所謂「依雙方合意之其他方式」，是否包含仲裁在內？

行政契約能不能提付仲裁？

司法實務上對於行政契約提起仲裁應採否定見解，理由在於仲裁制度僅在解決人民之間的私法紛爭，此參見大法官釋字第 591 號解釋——仲裁係人民依法律之規定，本於契約自由原則，以當事人合意選擇依訴訟外之途徑處理爭議之制度……，具私法紛爭自主解決之特性。

法務部也認為，仲裁法第 1 條規定的「依法得和解者」，限於私法爭議，因此公法契約為公法上爭議，不能提付仲裁[1]。

▲離岸風電的行政契約中並無仲裁條款，建議參考相關實務見解，再合意決定處理爭議的途徑較為穩妥。

1 法務部 100 年 2 月 9 日法律字第 1000002501 號函。

雖然有實務見解認為，行政機關與業者簽訂的契約既已約定關於系爭契約所生爭議，以仲裁方式解決，此仲裁約定內容，即無欠缺仲裁容許性問題，更與系爭契約究為公法契約或私法契約之爭議無涉。[2]

也就是說，因為行政機關與業者簽訂的契約已經約定仲裁條款，例如：「因本契約所生訴訟案件，甲乙雙方合意以中華民國仲裁協會仲裁之。」所以法院就不再判斷系爭契約性質究竟為「行政契約」或是「私法契約」。

但由於本件實務裁判之契約標的為行政機關將風景區賣店出租給業者，由業者經營餐飲消費服務（「租賃加委託經營」的混合契約），整體內容不涉及公權力行使或委託行使公權力，根據大法官釋字第 448 號解釋意旨判斷，也應屬私法上契約行為。因此，從結論來看，此判決也應未超出或有別於司法實務向來見解：行政契約之公法上爭議不能提付仲裁。

回到離岸風電來看，行政契約中並無仲裁條款[3]，雖然契約有約定「雙方合意之其他方式處理」，但此「合意」是否包含「仲裁」在內，建議雙方宜參考上述相關實務見解，再合意決定處理爭議的途徑，在法律上會較為穩妥。

名詞釋疑

系爭

在個案中當事人所爭執（或有爭議）的。例如：系爭房屋，就是在個案中當事人所爭執的房屋；系爭合約，就是當事人所爭執的合約。

2 板橋地院 98 年度抗字第 286 號民事裁定。

3 仲裁法第 1 條第 1、3 項。

02 落實 ESG 三部曲，為公司與利害關係人創造雙贏

黃國銘｜寰瀛法律事務所策略長、主持律師

公司存在的目的是什麼？是為了創造最大股東價值？還是有其他意義？

試舉一例供大家思考——圖靈製藥的創辦人馬丁取得治療癌症與愛滋病的 Daraprim 藥物之獨家專利權後，將每錠藥價從 13.5 元提高 55 倍至 750 元。

這樣可以大幅提升股東權益的決策有錯嗎？筆者不禁回想起之前擔任檢察官偵辦經濟犯罪時，常聽到的被告說法：「都是為了股東好，不對嗎？」

首部曲：確立公司願景

在這些舞弊案例中，行為人在面臨兩難的困境時，幾乎最後都是選擇金錢至上的那條路。他們也常以「這都是為了股東好」的藉口，來安撫自己的內心。

然而，真的應該如此？在歷經了這麼多令社會、投資大眾心痛、甚至傾家蕩產的舞弊案例（包含安隆、世界通訊、博達等）後，難道不應該重新思考公司存在的目的嗎？

2019 年，由美國知名公司執行長所組成的「圓桌會議」，更改了幾十年來不變的共同宣言，重新宣示：公司存在的目的，不僅是為了股東（shareholder）而已，也應包含員工、客戶、供應商以及社區等利害關係人（stakeholder）。

當然，仍會有人認為，自己都吃不飽了，哪管得了別人？沒有幫股東賺到錢，

▲確立公司願景後，要讓所有同仁有志一同。

會被股東罵呀！

對此，筆者援引並整理管理大師詹姆・柯林斯在《恆久卓越的修練》一書中的幾段話，與讀者一同思考——

在調查了堪稱「卓越」之組織等實證案例後，他認為：「如果你想打造一家永續卓越的企業，就需要願景。」

但「如果只想賺錢，願景就不是必須。」另外，「如果你用金錢來定義成功，那麼你會一直是個輸家。」

二部曲：讓組織上下一心

一旦確立了公司的願景後，如何傳遞到組織的各個角落，讓所有同仁有志一同，是下一個重要的步驟。

筆者在輔導公司進行法遵等制度時，常問同仁：「知道為何要做這件事嗎？」

而常聽到的回答是「因為老闆有吩咐」、「因為以前都是這麼做」，甚至聽過「今天來這要幹嘛？」……等。

若同仁缺乏清晰的願景、不知為何而做，除了失去工作動力外，也容易發生不同部門、派系間彼此指責、卸責之危機。

因此，管理階層（董事會）不能只做表面功夫，而必須做到以下幾點：

- 帶頭做起，如考慮在董事會層級，設置永續發展委員會。
- 展現落實的決心，如對此等議題有充分地討論，而非僅聽取報告而無任何意見）。
- 透過賦權（能讓員工有使命感、受到尊重）、溝通與理念傳遞（如教育訓練）與討論（如定期之各部門間腦力激盪會議），讓同仁真正了解工作與永續發展之意義，形成從上而下、由下而上的共榮氛圍。

柯林斯在書中曾提到一個例子——某飛機零件製造商發生員工缺勤、生產力降低、工作馬虎等嚴重問題，公司卻從來沒有讓員工瞭解工作的重要性，因此，公司在工廠中放了一架轟炸機，並請機組同仁現身說法，讓員工了解，原來平常自己製作的飛機零件，不只是零件而已，而是能保護駕駛員的安全、守衛國家的安全，結果原本低迷的士氣馬上不見了。

三部曲：從利害關係人角度出發

組織上下一心後，進一步獲得股東、投資人、客戶、供應商、主管機關、媒體等利害關係人的支持，是另一關鍵。從人性的觀點來說明，就是想要獲得他人的信任，「溝通」顯得極其重要，也就是把所知道的都跟對方說，而且不能隱瞞，否則就容易產生爭吵（嚴重來說，就是訴訟）。簡言之，彌補資訊落差，是人與人之間建立信任的重要關鍵。

以上市櫃公司而言，管理階層要與股東／投資人溝通，除了公司網站、公開資訊觀測站，最正式的就是透過財務報表與（非財務資訊之）永續報告書，而為了彌補資訊落差，這樣的報表就必須即時、正確。

至於到底應該寫哪些內容？以永續報告書為例，到底是要參考 SASB 準則？還是 GRI 準則？還是要另外參考 TCFD 準則？相信對某些公司而言會產生困惑。

關於編制的細節暫不贅述，要強調的是，無論依據哪一準則進行撰寫，請永遠記得，永續報告書是用來溝通，不是拿來作文比賽！因此，必須設身處地，時時刻刻站在利害關係人的角度思考他們想知道什麼，公司就能知道要講什麼，對方才能安心。

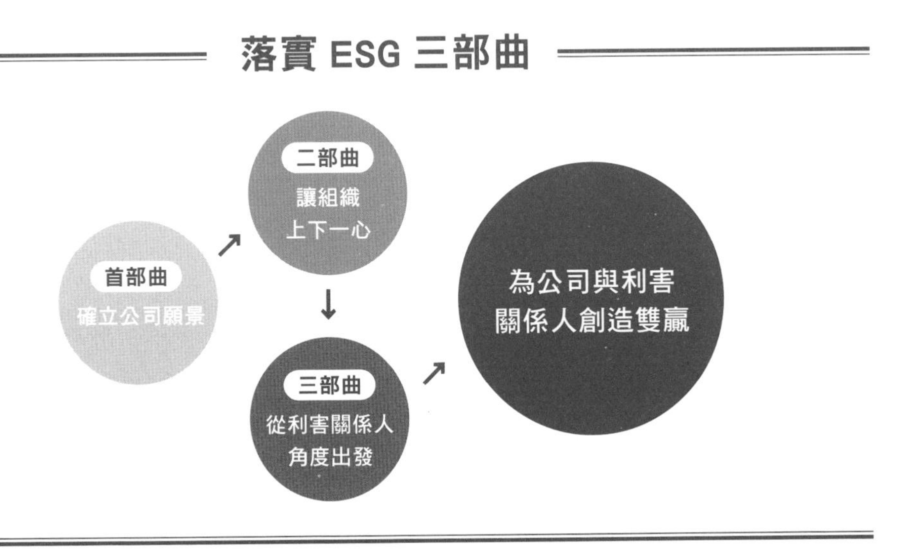

03 臺灣碳排放法制可否後發先至？

葉立琦｜寰瀛法律事務所助理合夥律師

因應臺灣 2050 淨零排放目標，氣候變遷因應法已於民國 112 年 2 月 15 日公布施行，臺灣碳權交易所也於 8 月正式成立。且為完善碳定價和碳交易機制，環境部陸續公告相關子法，逐步推進我國 2050 淨零排放之目標。

公告規範對象

首先，針對應盤查登錄溫室氣體排放量之對象，配合氣候變遷因應法的通過，於 112 年 5 月 31 日公告修正名稱為「事業應盤查登錄及查驗溫室氣體排放量之排放源」，規範對象包含：105 年公告第一批的發電業、鋼鐵業、石油煉製業、水泥業、半導體業、薄膜電晶體液晶顯示器業等事業，以及 111 年公告第二批溫室氣體年排放量達 2.5 萬公噸之製造業。

氣候變遷因應法第 21 條規定——事業具有經中央主管機關公告之排放源，應進行排放量盤查，並於規定期限前登錄於中央主管機關指定資訊平台；其經中央主管機關公告指定應查驗者，盤查相關資料並應經查驗機構查驗。

登錄、上傳、查驗員及查驗機構皆有規定

為此，環境部於 112 年 9 月 14 日修正發布「溫室氣體排放量盤查登錄及查驗管理辦法」，於第 6 條、第 9 條明確規定事業盤查登錄期限為每年 4 月 30 日，查驗結果上傳期限則為每年 10 月 31 日，並於第 4 條規範排放量計算方式及第 7 條訂定盤查報告書應包括事項。

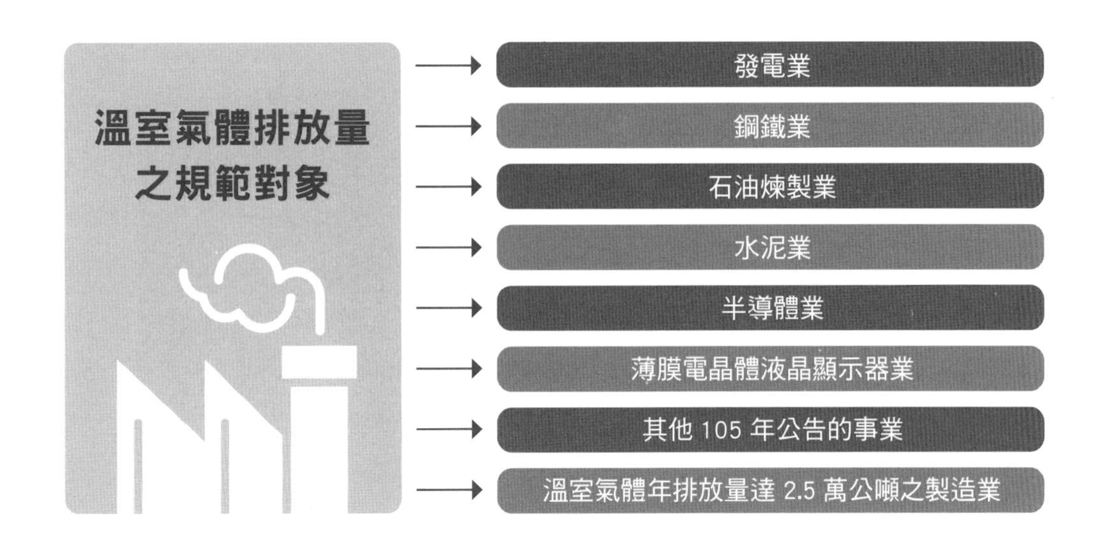

此外，必須注意，依據第 8 條第 2 項之規定，查驗作業不得連續 6 年由同一主導查驗員執行，若有違反盤查登錄及查驗管理辦法之規定者，依第 15 條規定得處以罰鍰。

為因應事業溫室氣體排放量盤查登錄之查驗作業，112 年 10 月 5 日，環境部依據氣候變遷因應法第 22 條之規定修正發布「溫室氣體認證機構及查驗機構管理辦法」，明確於第 3 條以下規範執行溫室氣體查驗機構認證業務的認證機構資格及管理，第 9 條以下規範查驗機構及查驗人員之資格及訓練規範，以廣納多元專業領域如農牧經營、森林管理等，提升查驗量能為目標，並強化查驗人員個別專業領域查驗能力。

針對查驗作業應遵循事項，則規範於第 25 條以下，確保查驗機構之獨立性與公正性，並遵循相關作業程序以確保查驗品質，協助推動溫室氣體盤查及查驗等相關作業。

至於開發規模達應實施環境影響評估的開發行為，而涉及增加溫室氣體排放

▲政府單位逐步制定相關法案，期能達到 2050 淨零排放目標。

量，環境部則依據氣候變遷因應法第 24 條，於 112 年 10 月 12 日發布「溫室氣體排放量增量抵換管理辦法」——針對工廠設立且其溫室氣體年排放量達 2.5 萬公噸二氧化碳當量、園區興建或擴建、火力發電廠、汽電共生廠興建或添加機組工程（但以天然氣為燃料或新設每部機組 2.5 萬瓩以下者，不在此限）及高樓建築等開發行為，規定每年應依增量之 10% 進行抵換，並連續執行 10 年，違反者亦有裁罰規定。

期待制度及早建立，留意國際法規動向

為鼓勵事業及各級政府積極參與投入溫室氣體減量措施，112 年 10 月 12 日，環境部依據氣候變遷因應法第 25 條，發布「溫室氣體自願減量專案管理辦法」，除了接軌國際對於自願性減量專案之查驗原則，於第 10 條明確規範自願

減量專案應符合可量測、可報告及可查驗原則，並應具備外加性、保守性及永久性，避免發生環境危害及重複計算等情形。

事業透過自願減量專案取得之減量額度，未來可用於事業扣抵碳費，或交易給有需要者。然而，應如何進行交易？仍有待主管機關及臺灣碳權交易所發布相關法規及指引。

為達到 2050 淨零排放目標，政府單位逐步制定相關子法因應。有關氣候變遷因應法第 28 條之碳費徵收制度，已在 113 年 8 月 29 日公告碳費制度三項配套子法，但第 31 條避免碳洩漏之代金制度，仍在廣徵意見、持續討論的階段。

歐盟的碳邊境調整機制（Carbon Border Adjustment Mechanism, CBAM）過渡期已於 112 年 10 月開始生效；美國的清潔競爭法案（Clean Competition Act, CCA）雖然目前擱置中，但也已經完成二讀。相關企業除了期待政府機關加快腳步建立制度外，更要注意國際間的法規動態，因為排碳有價的時代已經正式來臨。

知法熟法

溫室氣體排放量盤查登錄及查驗管理辦法第 8 條

事業屬經本法公告指定應查驗者，其排放量清冊及盤查報告書應經取得中央主管機關許可之查驗機構查驗。前項查驗之方式，應符合下列規定：

1. 查驗結果應為合理保證等級。
2. 查驗作業不得連續 6 年由同一主導查驗員執行。但更換查驗員確有困難，檢具證明文件向中央主管機關提出，並經中央主管機關同意者，不在此限。

04 抓漂綠，也要避免寒蟬效應

黃俊凱｜寰瀛法律事務所合夥律師／台灣能源數位轉型聯盟法務總監

2023年9月22日，屏東明揚廠房大火造成重大傷亡事故，據媒體報導，廠內存放消防列管有機過氧化物超出管制量30倍，但明揚2021年企業社會責任報告書（CSR），卻揭露該公司通過ISO環境保護管理和職業健康安全管理的認證，引發各界質疑。

上市櫃企業是否落實永續行動實質作為，資訊揭露有無不實「漂綠」的議題，再度引起社會廣泛重視。

永續報告書與漂綠的可能爭議

截至2023年第三季，企業永續報告書申報達864家，申報比例已分別占上市櫃公司總家數約64%與30%。根據金管會「上市櫃公司永續發展行動方案」（2023.3）要求：2025年起，全體上市櫃公司都須編製永續報告書。

公司永續報告書揭露內容如有虛偽不實，足以誤導投資人的決策判斷，可能會有證券詐欺法律責任的問題。

但如果考慮到永續報告書編製、申報的依據是上市櫃公司永續報告書作業辦法（簡稱），只是證交所或櫃買中心的內部規定，並非證券交易法相關法令的法源依據，則永續報告書是否為「依證交法申報或公告之公司業務文件」，如有重大揭露不實的「漂綠」情事，能否依證交法第20條第2項、第20條之1及第

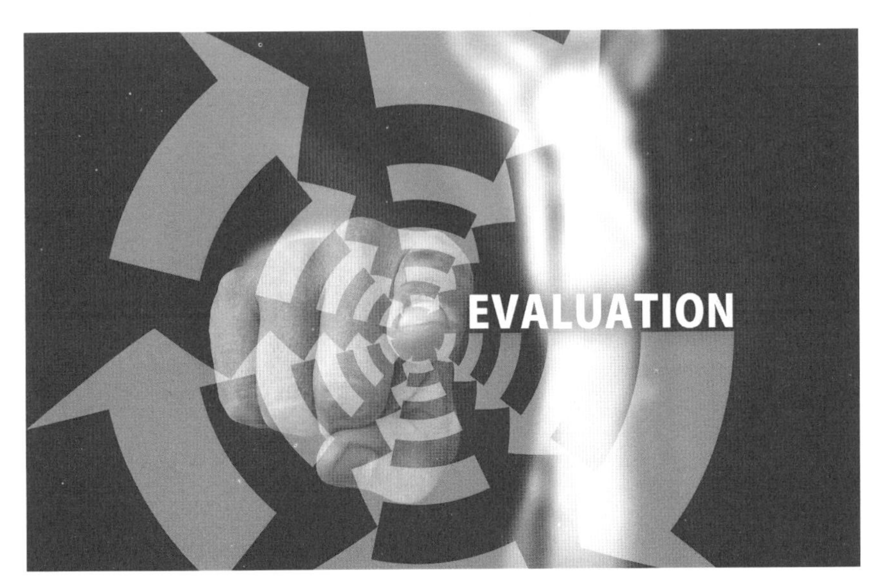

▲永續報告書是否為「依證交法申報或公告之公司業務文件」，如有重大揭露不實的「漂綠」情事，恐受罰。

171 條等規定，令公司、董事等負起相關民事及刑事責任？可能會有爭議。不過，金管會表示證交所與櫃買中心將自 2025 年起定期查核上市櫃公司的永續報告書資訊，如有重大揭露缺失者，將處以違約金。

永續資訊不實，恐涉民事賠償責任

相較之下，股東會年報編製準則的依據為證交法第 36 條第 4 項，有上述證交法規定的適用應較無疑義，如有重大虛偽不實，對投資人就可能要負起證交法「財務業務文件」不實的民事賠償責任。

除了證券詐欺外，企業漂綠行為的相關法律責任，我國司法實務上，有以房地買賣宣傳「綠建築」的廣告內容作為契約之一部，賣方因綠化不實構成給付瑕疵[1]，而作為認定民事契約責任的內涵。

此外，法院對企業 CSR 的記載亦作為認定公司薪酬福利[2]或僱傭關係存在[3]的判斷依據。

國外也有漂綠爭議，複雜的法律風險需瞭解

在國際上涉及漂綠爭議的案例方面，例如：

2023 年 2 月，NGO 組織全球見證（Global Witness）向美國證監會（SEC）投訴殼牌（Shell）公司年報有誇大再生能源總體投資之嫌。

2021 年 8 月，澳洲聯邦銀行（CBA）的股東向澳洲聯邦法院申請查閱 CBA 幾項天然氣投資計畫之內部文件，以評估 CBA 是否有違反其 ESG 投資政策對於遵守《巴黎協定》之承諾。

2022 年間，荷蘭廣告監管委員會（RCC）以金吉達（Chiquita）香蕉上的貼紙標註「碳中和」（CO_2 Neutral）字樣欠缺促使消費者理解的資訊，認定該貼紙為誤導性廣告等。

從國內外的案例可知，企業提供綠色資訊或 ESG 揭露位置有許多種方式，包含年報、永續報告書、發行金融商品（證券、基金）的公開說明書、公司其他法定申報文件，以及各式產品廣告或宣傳等，其背後分別牽涉到不同的法律規定

1 最高法院 112 年度台上字第 488 號民事判決。
2 新市簡易庭 107 年新勞小字第 14 號民事判決。
3 臺灣士林地方法院 105 年訴字第 1692 號民事判決。

▲ ESG 永續發展已成全球共識，但漂綠爭議仍在國際間屢見不鮮，企業要小心，千萬不可有誤導的作為。

與法律責任，從一般民事契約責任、證券詐欺相關民、刑事責任，到公司法的公司治理、股東查閱權等，及公平交易法、消費者保護法等法律領域，都有可能潛藏複雜的法律風險。

企業提供綠色資訊或 ESG 揭露位置的方式	涉及的法律層面
年報	一般民事契約責任
永續報告書	證券詐欺相關民、刑事責任
發行金融商品（證券、基金）的公開說明書	公司法的公司治理、股東查閱權等
公司其他法定申報文件	公平交易法和消費者保護法
各式產品廣告或宣傳	

納入專業第三方，達成永續發展目標

基本上，綠色永續資訊虛偽不實，企圖誤導投資人或消費者來實現獲利，公司必須負相關法律責任。但如果公司因缺乏法律風險意識，恐怕也會不經意的誤蹈法網、動輒得咎，而出現所謂「ESG 寒蟬效應」（greenhushing），此時，企業若為求免責，選擇保守揭露資訊或淡化氣候承諾，反而將減損永續揭露制度的效益，並錯失公司的綠色商機。

律師長期以來協助企業當事人進行公司治理及法令遵循業務，熟諳立法政策、法令適用及司法實務。建議主管機關在 ESG 相關規範或準則進行修正評估時，宜考慮將律師納入作為永續指標驗證、永續議題確信等專業第三方單位；企業方面亦宜提前做好 ESG 相關作為的法律風險評估，由律師提供法律專業的諮詢服務，以協助公司控管 ESG 法律風險，順利達成永續發展目標。

知法熟法

證交法第 20 條第 2 項：

發行人依本法規定申報或公告之財務報告及財務業務文件，其內容不得有虛偽或隱匿之情事。

證交法第 20-1 條：

前條第 2 項之財務報告及財務業務文件或依第 36 條第 1 項公告申報之財務報告，其主要內容有虛偽或隱匿之情事，下列各款之人，對於發行人所發行有價證券之善意取得人、出賣人或持有人因而所受之損害，應負賠償責任：

1. 發行人及其負責人。
2. 發行人之職員，曾在財務報告或財務業務文件上簽名或蓋章者。

證交法第 36 條第 4 項：

第 1 項之公司，應編製年報，於股東常會分送股東；其應記載事項、編製原則及其他應遵行事項之準則，由主管機關定之。

05 淺談國土計畫法實施後的山坡地使用

王雪娟｜寰瀛法律事務所資深合夥律師

隨著環境保護意識的提高、近年來的國際潮流，以及我國對 ESG 議題的關注日益增加，金管會於 2023 年發布了「上市櫃公司永續發展行動方案」，推動上市櫃公司設定減碳的目標、策略和具體行動計畫，以達永續之發展。因應於此，造林，似乎是一種可用來抵企業所生碳排放的方式。

造林前應確認抵碳排事項

山坡地，可能可以被認為是適於造林抵碳的選擇之一。但是造林需要長時間的養成，並非一蹴可幾；造林所需要的土地，更需要在開始造林之前先確認是否符合該土地的合法利用，以及是否針對涉及生態保育等相關事項已經進行完善的調查。如果尚未確定該土地的利用方式，或所涉及的生態議題就貿然進行，除了可能導致造林結果無法實際抵碳排放之外，更可能會導致原有生態遭到破壞等非我所願的結果。

依國土計畫法第 45 條第 2 項及第 3 項規定，以及營建署於 2021 年 4 月 30 日發布的公開新聞，各縣市的國土功能分區圖預計在 2025 年上半年公告，並且自公告時起，目前關於土地利用所依據的區域計畫法將不再適用。

依全國國土計畫所載，土地分區是基於保育利用及管理的需要，並根據土地資源特性，劃分為「國土保育地區」、「海洋資源地區」、「農業發展地區」及「城鄉發展地區」等四大功能分區。

除四大功能分區之外，也依環境資源條件、土地利用現況、地方特性及發展需求，在分區之下給予不同分類。此外，國土功能的分區與分類，除了原則上不得任意變更之外，在土地利用上也有應該遵循的開發限制。

避免破壞原有生態與水土環境

目前尚未有縣市正式公告國土功能分區圖，因此未能確定實際劃分的結果，只能推測山坡地在日後似乎較有可能會被劃分為國土保育地區或農業發展地區。

依 2024 年 4 月 26 日預告的「國土計畫土地使用管制規則」草案第 6 條之附表一「國土保育地區、農業發展地區、城鄉發展地區容許使用情形表」可知，屬於國土保育地區或農業發展地區的土地需做造林使用。

另外應注意，內政部 2018 年 4 月公告的「全國國土計畫」已明定國土保育地區以保育及保安為原則，並得禁止或限制使用，如屬國土保育地區第一類，其土地在使用上，是以加強資源保育、環境保護，與不破壞原生態環境及景觀資源為原則，並可限制、禁止開發利用或建築行為，同時防止生態系統服務功能穿孔破碎，除了符合公益性、必要性及區位無可替代性等情形外，原則禁止有妨礙前開資源保育利用的相關使用。

因此企業在使用山坡地進行造林抵碳計畫時，應同時注意相關限制、禁止開發利用或建築行為。此外，企業於使用山坡地時，也應該重視此地的適宜利用以及保育生態等核心問題，避免只重視土地得使用的面積，卻忽略了水土環境條件，反而導致土壤流失加劇，甚至引發水土保持問題。

簡言之，企業在推行造林抵碳計畫時，建議除了考量成本之外，也應完成詳細的地區調查，確認選擇的植樹種類與地點，適合當地水土條件以及準備相應的水土保持措施，才能確保計畫的長期效益，並實現永續經營的目標。

06 解讀碳費徵收，需先釐清的事

黃俊凱｜寰瀛法律事務所合夥律師／台灣能源數位轉型聯盟法務總監
黃子豪｜寰瀛法律事務所律師

永續發展與氣候變遷議題使全球展開「淨零賽局」，碳定價是十分重要的比賽規則。2024 年 8 月底，環境部正式公告氣候變遷因應法（氣候法）碳費相關子法，已引發新一波碳焦慮，從企業法令遵循角度，該如何解讀碳費徵收的影響層面及可能趨勢？可以先釐清下列問題：

誰是溫盤列管對象？

溫室氣體盤查是減量工作的第一步，在現行氣候法架構下（截至 2024 年 11 月），依「事業應盤查登錄及查驗溫室氣體排放量之排放源」規定，只有環境部公告的幾個特定行業的特定製程，或是全廠（場）年排放量 2.5 萬公噸二氧化碳當量（CO_2e）以上的事業，必須進行溫室氣體盤查登錄及查驗（以下簡稱溫盤）。

溫盤範圍包含直接排放（範疇一）和能源間接排放（範疇二）[1]。簡單來説，在氣候法之下，下列事業必須溫盤：

發電、鋼鐵、煉油、水泥、半導體及面板業的特定製程。

除上述行業外，其他年排碳量 2.5 萬公噸以上的事業，又分為：若是製造業，其範疇一與範疇二合計排放量達 2.5 萬公噸者；若非製造業，單就範疇一計算排放量達 2.5 萬公噸者。

[1] 溫室氣體排放量盤查登錄及查驗管理辦法第 3 條第 1 項

▲電力業的碳費徵收，可申請扣除供電消費這部分的排放量。

具體溫盤對象，是以工廠登記證或商工登記編號來設定組織邊界，主要多以個別工廠場址，也就是以所謂「全廠（場）」為溫盤計算單位，這點與過去溫室氣體減量及管理法時代並無太大差異。

溫盤列管對象都要繳交碳費？

依目前碳費收費辦法第 3 條規定（截至 2024 年 11 月），碳費徵收對象是指溫盤列管對象中範疇一與範疇二年排碳量合計 2.5 萬公噸以上的製造業、燃氣供應業與電力業，其中電力業還可申請扣除外售電力，也就是供電消費這部分的排放量[2]。

2 氣候法第 28 條第 2 項

因此氣候法的溫盤列管對象未必就是碳費徵收對象，若溫盤列管對象當中不屬於製造業或燃氣供應業，又或是製造業、燃氣供應業範疇一加範疇二年排碳量未達 2.5 萬噸，或發電廠、發電設備扣掉供電消費部分後的年碳排量（如廠內用電）未滿 2.5 萬噸，這些情形現階段都不在碳費徵收對象範圍內。

有碳盤揭露義務的上市櫃公司也受列管？

由上述說明可知，氣候法目前主要是以個別工廠（場）址作為列管排放源的對象，這與金管會要求上市櫃公司揭露碳盤的範圍很不一樣。

為因應全球企業永續 ESG 浪潮，2022 年，金管會發布「上市櫃公司永續發展路徑圖」，規劃全體上市櫃公司，包含合併報表的海內、海外子公司在內，應於 2027 年完成溫室氣體盤查，並於 2029 年完成查證。

在金管會要求下，上市櫃公司雖然要逐年完成全事業群的溫盤、查證及揭露，但就其國內事業群當中，只有較高碳排量（達 2.5 萬噸）的個別廠（場）址，才被納為氣候法溫盤列管對象。

未來碳費徵收有可能調整方向？

氣候法第 28 條規定，碳費徵收是以「達成國家溫室氣體長期減量目標及各期階段管制目標」為目的，並採「分階段」徵收的方式進行，可知氣候法制在法律層級並未限制碳費只能對特定產業或製程徵收，也沒有明訂免徵門檻，或是碳排放源必須只以全廠（場）為計算單位等。換言之，現行碳費子法應是避免初期過度衝擊產業所採循序推動的限縮作法。

為了達成碳費徵收立法的目的，環境部過去曾表示未來將調漲碳費費率、調降免徵門檻等，且在越來越多上市櫃公司揭露溫盤資訊後，碳費制度將來不排除做進一步調整，例如擴大溫盤列管對象、調整溫盤組織邊界與碳費徵收計算基礎

▲淨零轉型，是一個沒有人是局外人的新生活運動。

等等，這些也是國發會 2023 年「綠色金融關鍵戰略行動計畫」整合 ESG 相關資訊所力推的方向。

有鑒於我國長期減量目標（2050 淨零目標）和階段管制目標（例如 2030 減量目標），碳費作為「減量工具」，即便目前未納入碳費徵收對象的企業，倘若長期減碳量成效不彰，未來仍可能逐步納入碳費徵收對象，且到時碳費費率更高，若不超前佈署減碳，碳費負擔將會更重，不可不慎。

淨零轉型牽動能源轉型、社會轉型及生活轉型，是一個沒有人是局外人的新生活運動。而越來越多元且嚴格的氣候法規範，將對企業帶來更多氣候相關法規風險，企業除可運用 TCFD（氣候相關財務揭露）框架進行內部盤點與相關揭露外，也可諮詢外部法律專業意見，分析國內和跨國法規的適用並釐清疑義，將有助於企業辨認和管理淨零法規風險，納入整體決策考量，穩健實現企業永續目標。

CHAPTER
2

第二章
企業經營

01 企業併購法修法通過，併購邁入新紀元

陳秋華｜寰瀛法律事務所主持律師
吳毓軒｜寰瀛法律事務所律師

2022 年 5 月 24 日，立法院正式通過企業併購法部分條文修正案，並已於同年 12 月 15 日開始施行。除了配合公司法修正進行的法規調整外，此次企併法修法目標主要呈現三大面向。

保障弱勢股東權益，強化資訊揭露

為使股東提早於合理期間獲知併購資訊，此次修法規定，公司必須於股東會開會通知的召集事由欄中，載明董事就併購的利害關係重要內容，以及贊成或反對併購理由，用來強化股東權益的保障。同時新增公開發行公司進行併購時，持有 10% 股份以上的大股東，如為其他參加併購公司的董事，也須為說明義務的規定。

修法前，反對併購案的股東只有「放棄表決權」的異議股東，才可請求公司以公平價格收買其股份，對股東的權益保障不周。此次修法將股份收買請求權的適用放寬，即使股東會上投票反對併購案的股東，仍然要請求公司收買其股份，以達到保障併購案中通常較為弱勢的反對股東的權益。

放寬非對稱合併、股份轉換、分割的適用標準，增加併購便利性

舊法在進行非對稱合併時，存續公司必須同時符合「發行之新股未超過其已發行有表決權股份之 20%」，且「交付消滅公司股東之現金或財產之價額，未超過存續公司淨值 2%」二項要件時，才可以由存續公司董事會以特別決議後進行併購，而無需再經由股東會決議。

有鑑於 2% 的標準為早期所訂，將使合併流程缺乏效率、彈性，所以立法者參考日本法簡易併購的規定調整，先將前述二項要件改為滿足其一即可適用，又再將交付消滅公司股東的股份、現金或其他財產價值總額，自未超過 2% 放寬到 20%，均可採用簡易流程，由存續公司董事會特別決議即可進行併購，不須經過股東會決議，將可增加併購流程的便利性。

此次修法在第 29 條非對稱式股份轉換，與第 36 條非對稱式分割，也採取與非對稱合併相同的修法標準，放寬併購公司適用簡易併購程序的彈性，以促進併購效率。

放寬租稅繳納措施，促進併購意願

首先在無形資產部分，除了所得稅法第 60 條所認定的權利外，新法擴大認列，將積體電路的電路布局權、植物品種權、漁業權、礦業權、水權、營業秘密、電腦軟體及特許權等一併納入。存續公司取得上述未來可辨認、控制，並具有一定經濟效益及金額可得衡量的無形資產時，新法放寬使其可以享有 10 年做為平均攤銷的計算標準，而得以減輕稅負徵納的壓力。

為促使設立登記至合併、分割未滿 5 年，且未公開發行股票的新創公司接受併購之意願，此次修法也放寬該消滅公司的個人股東自存續公司取得的股份對價計算的股利所得，可以選擇全數延緩到次年度起的第 5 年課徵所得稅，以減輕個人股東的納稅負擔。

▲保障併購案中通常較為弱勢的反對股東的權益是此次企業併購法修法的目標之一。

02 董事如何判斷「重大」事項、「重大」交易？

黃國銘｜寰瀛法律事務所策略長、主持律師
詹抒靜｜寰瀛法律事務所律師

因如興案的爆發，2022 年 9 月 7 日，證券交易所與櫃買中心分別宣示對上市、櫃公司進行 13 項強化監理措施，其中 1 項措施特別需要董事們留意，就是「就公司『重大』事項要求董事落實董事職能」、「函知董事注意『重大』交易、資訊申報，及公司治理等事宜以落實董事職能」。

然而，到底哪些是「重大」事項？哪些是「重大」交易？

「重大」事項的判定

如果要有個較明確的遵循標準，關於「重大」事項，可參考上市上櫃公司治理實務守則第 25 條及第 35 條、證券交易法第 14 條之 3 及第 14 條之 5。

是否覺得有太多「重大」事項了？

其實仔細分析這些條文後可以發現，雖然羅列了 4 個條文，但大致就是 15 項，即證券交易法第 14 條之 5 的第 11 款，再加上公司治理實務守則第 35 條第 1 款「公司之營運計畫」、第 6 款「經理人之績效考核及酬金標準」、第 7 款「董事之酬金結構與制度」及第 9 款「對關係人之捐贈或對非關係人之重大捐贈」等 4 款。

在此有個小建議：若覺得 4 個條文不好記，至少一定要記住證券交易法第 14 條之 5，因為這個條文同時也是審計委員會行使職權上最重要的條文。

▲證券交易所與櫃買中心分別宣示對上市、櫃公司進行 12 項強化監理措施，其中特別需要董事們留意公司「重大」事項及「重大」交易。

何謂「重大」交易？

同樣的問題也出現在：什麼是證券交易法第 14 條之 5 第 5 款「『重大』之資產或衍生性商品交易」及第 6 款「『重大』之資金貸與、背書或提供保證」？

建議考量證券實務的重大性觀念──參酌個案情況及對公司總資產、實收資本額、股東權益、營收、稅前利益等影響程度，判斷是否對其股東權益或證券價格具重大影響。

這樣或許還是有些抽象，若硬要找個可以參考的「量」的標準，或許可以參考公開發行公司取得或處分資產處理準則第 9 條至第 11 條規定提到的「實收資本額 20%」或「新臺幣 3 億元以上」等標準。

以舞弊防制的觀念來看，對於許多犯罪者而言，法律跟所謂「量之標準」，不過是被當成拿來規避的門檻，高明的犯罪者一定會設計某項交易不超過「實收資本額 20%」，或不超過「新臺幣 3 億元」。

所以，為抑制犯罪，在「重大性」概念的解釋上，自然而然，會求諸「實質」認定的標準，就算未達上述「量」的門檻，仍應回歸——該交易是否對其股東權益或證券價格具重大影響、或對一般理性投資人的投資決定具有重要的影響而定。

董事為何須注意重大事項與重大交易？

董事會可能有疑問：為何主管機關會要求董事要注意「重大」事項與「重大」交易？

簡單來說，如果仔細觀察前面提到的相關條文，尤其是讀者們仔細去觀察證券交易法第 14 條之 5 的每一款情形，就可以清楚發現：每一款事項都某程度會導致公司的資產遭處分或變更；或是屬於舞弊相關的紅旗警戒訊號（也可以用地雷股資訊來理解）。

當公司資產發生移動或有舞弊的警戒響起時，一定會直接影響所有股民的權益，所以需要董事們（尤其是獨立董事）為一年只能見到董事會一次的股民們強力把關！

知法熟法

證券交易法第 14 條之 5：

1. 已依本法發行股票之公司設置審計委員會者，下列事項應經審計委員會全體成員 1/2 以上同意，並提董事會決議，不適用第 14 條之 3 規定：
   一、依第 14 條之 1 規定訂定或修正內部控制制度。
   二、內部控制制度有效性之考核。
   三、依第 36 條之 1 規定訂定或修正取得或處分資產、從事衍生性商品交易、資金貸與他人、為他人背書或提供保證之重大財務業務行為之處理程序。
   四、涉及董事自身利害關係之事項。
   五、重大之資產或衍生性商品交易。
   六、重大之資金貸與、背書或提供保證。
   七、募集、發行或私募具有股權性質之有價證券。
   八、簽證會計師之委任、解任或報酬。
   九、財務、會計或內部稽核主管之任免。
   十、由董事長、經理人及會計主管簽名或蓋章之年度財務報告及須經會計師查核簽證之第二季財務報告。
   十一、其他公司或主管機關規定之重大事項。
2. 前項各款事項除第 10 款外，如未經審計委員會全體成員 1/2 以上同意者，得由全體董事 2/3 以上同意行之，不受前項規定之限制，並應於董事會議事錄載明審計委員會之決議。
3. 如有正當理由致審計委員會無法召開時，第一項各款事項應以全體董事 3/2 以上同意行之。但第 1 項第 10 款之事項仍應由獨立董事成員出具同意意見。
4. 公司設置審計委員會者，不適用第 36 條第 1 項財務報告應經監察人承認之規定。
5. 第 1 項至第 3 項及前條所定審計委員會全體成員及全體董事，以實際在任者計算之。

03 獨立董事的未來——縮減的權限

郭維翰｜寰瀛法律事務所合夥律師
陳宣宏｜寰瀛法律事務所助理合夥律師

依我國證券交易法規定——公開發行公司需設置具備專業知識、限制持股與兼職的獨立董事，其於執行業務範圍內應保持獨立，不得與公司有直接或間接的利害關係。

為了使公司營運能更加順暢、便利，證券交易法另允許公開發行公司以全體獨立董事為成員，設置審計委員會，代替行使原本公司法所規定監察人的相關權責，並賦予審計委員會中各個獨立董事也有相同權能。

惟獨在以上規定施行後，實務上時常在獨立董事個別行使審計委員會的權能時，發生公司治理上的疑義或衝突，例如：獨立董事在涉個人利害下仍代表公司對其他董事提起訴訟、多個獨立董事各自召集股東會，以及獨立董事代表公司為自己或他人與公司間交易等等。

就以上爭議，金融監督管理委員會提案修法縮減獨立董事相關權限，讓該些事項的處理，回歸審計委員會的合議制度作最後決定。以下將分項介紹關於涉及前述事項的新修正證券交易法第 14 條之 4 規定內容：

1. 公司與董事間訴訟，應由審計委員會代表公司。

考量獨立董事雖可獨立行使原審計委員會所替代之監察人權限，唯獨在公司與董事間訴訟時，實務上時常發生獨立董事是否能純為公司利益主張、答辯的疑義，所以新修法將獨立董事代表公司與董事訴訟的權限，回歸合議制審計委員會決定，以避免其偏頗個人私利大於謀求公司利益。

2. 少數股東對董事提起訴訟，應由審計委員會代為提起。

基於以上相同理由，期待審計委員會的合議制能夠較匯集眾人的意見與智慧，降低個人利益對公司權益的影響，所以新修法亦刪減獨立董事得經少數股東請求其為公司對董事提起訴訟之權，而規定僅得由審計委員會受理並決議少數股東為公司對董事提起訴訟之請求。

3. 應由審計委員會於董事會不為召集或不能召集股東會時，為公司的利益，在必要時，召集股東會。

實務上曾發生利益相衝突的獨立董事，為了各自主張的公司利益，同時或相繼召集不同的股東會，產生不同決議，導致公司治理上的爭議，而需進入訴訟，使公司營運上產生無可避免的損傷。新修法就是將獨立董事的此權限刪除，只允許審計委員會以合議制方式，在董事會不為或不能召集股東會時，為公司的利益召集股東會。

4. 董事與公司為交易時，應由審計委員會決議代表權限

當獨立董事與公司為交易時，如仍允許獨立董事能在此時代表公司與自己為交易，恐生利益衝突情形，也與原監察人代理公司與董事為交易係避免利益衝突的目的不符。故新修法將此代表權限調整，使審計委員會應以合議制決定是否允許單一獨立董事或仍由審計委員會全體成員共同代表公司，以防止並杜絕有害公司利益情形。

以上相關規定修正，乃因應公司治理實務於過去碰到之問題，提供未來經濟發展之可能解決方法，勢必將重大影響公開發行公司組織與政策執行，當須特別注意，並儘早安排相關調整，以利後續公司經營的順行通暢。

04 公司發生狀況，董事如何全身而退？

黃國銘｜寰瀛法律事務所策略長、主持律師

提出一個問題，問問大家：「若 A 上市公司發生財報不實，投保中心會對哪些人提出民事求償？」

答案是：董事、會計師、財務主管等。

其中，針對董事（包含獨立董事）部分，依據證券交易法第 20 條之 1 第 2 項規定——如能證明已盡相當注意，且有正當理由可合理確信其內容無虛偽或隱匿之情事者，免負賠償責任，需負擔推定過失責任。

簡單來說就是，本來是擔任原告的投保中心要證明董事有錯，因為推定過失的關係，變成董事必須自己拿出證據證明自己沒有錯！

董事求免責，舉證不容易

（獨立）董事怎樣才可以免責？

以下常見的說詞，請各位想想，是否有拿出證據證明自己已相當注意？

「我當天沒有出席董事會。」

「我對於公司日常營運細節沒有很清楚。」

▲在董事會議事錄等文件留下（保留）意見，在公司出現狀況時，董事較有機會免責。

「財務報告有經過專業的會計師查核簽證，財務長也看過，他們這麼專業都看不出來，我哪看得出來？」

「我也是被騙的！」

很遺憾的，這些說法幾乎都不會被多數法院見解所認同。為什麼？——請各位再仔細看看這些說詞，其實這些都只是被告（董事）希望法院同情他們的心聲，並不是證據！

至於什麼樣的證據較能夠被法院接受（而認為董事已相當注意）？有專家整理法院見解後認為：

- 能在董事會議事錄等文件留下（保留）意見。
- 於事發後即時向主管機關舉發，則較有免責的可能。

依照筆者承辦類似案件或透過課堂與上市櫃董事交流的經驗，董事其實大多能了解——要免責，就要留下書面證據。

但實際上的狀況，往往是已經發生事情後或被騙了之後，才發現有鬼，這時候要留下任何意見都已經來不及了。所以董事們更希望了解的是——有沒有什麼樣的徵兆或警訊，可以讓他們即時、趁早留下意見（證據）。

留意並掌握意圖不法者的紅旗警訊

關於這一點，筆者建議可以站在不法行為人的角度去理解，他們犯罪的想法是什麼？會用什麼樣的方式犯罪？然後從這些過程，找出犯罪軌跡，作為將來提醒自己的徵兆。

舉例來說，A 上市公司董事長甲想要挪用公司資產，聰明的甲會思考到——要將資產（錢）挪出公司，用搬的太傻，也容易被抓到，那麼乾脆設立一家公司

▲設立一家行號，是意圖不法者挪用公司資產的第一步。

來進行交易，就可以光明正大地對公司的董事、員工、股東説：「我沒有亂給錢喔，這些費用的支出，都是因為有交易。」

但想要這樣的計畫順利進行，必須解決以下問題——要在哪裡設立公司？要找誰當負責人？

這時候，聰明的甲謹慎地想到：我如果找（法律上、會計上所形式定義的）關係人的話，這樣的交易就會變成關係人交易，而若是關係人交易，董事、會計師會特別關注，投資人也可以在財報的附註看得到，那我的詭計就會現形。因此，我一定要找「形式上不是法律、會計定義上的關係人，但又對我忠心耿耿、不會咬出我的人」來當公司的負責人。

同時，謹慎的甲也會顧慮到，款項支付的交易對象，就是將來挪用款項的停泊地，千萬不能是一個容易被檢調查扣的地方！

於是甲就從「租稅天堂黑名單或灰名單」裡，挑了一個公司註冊地（因為這樣的國家，常會以涉及客戶隱私而拒絕提供資料，也因為在海外，檢調不容易查扣資產），同時請所謂的人頭擔任公司負責人，從經驗上看，常見的人頭有甲的遠親、同學、當兵同袍、A 公司的前（現）任員工、小三、司機等，或者直接請代辦業者提供，總之，就是不能找法律、會計定義上的關係人。

了解甲（不法行為人）可能的謀劃歷程後，可發現一些徵兆、警訊（或有稱「紅旗警訊」）——若交易對象的公司設立地在海外，尤其位於租稅天堂黑名單或灰名單，且該交易對象的負責人跟某位高階管理階層有關連（也就是典型的人頭特徵），那麼身為（獨立）董事的您就該提高警覺，確認接下來跟此交易對象的程序是否透明？是否有遵守類似取處規則等程序？是否有該檢附的文件而未附等細節，才能保護自己。

留意這樣的紅旗警訊——交易對象的「公司設立地」與「負責人」兩項資訊是否可疑，除了能提醒董事們留意犯罪者所設計的交易對象（包含人頭與空殼公司），接下來要提醒的是，關於交易的「內容」與「程序」有沒有應該要開始留下軌跡的時刻？

留意並掌握「非常規交易」——內容方面

就交易的「內容」來看，倒是可以借用法律上「非常規交易」的概念來說明，也就是，若有以下非常規之特徵，請董事們要稍微留意一下：

1. 交易的條件與市場上其他相類交易相比，是否「相當」或「合理」。

在比較的對象上，可以是「同業」，也可以是「同一個交易對象的以往交易慣例」。

舉例來說，財報的美化，常透過「虛增營收」的方式，而「虛增營收」常伴隨一些特徵，如毛利率異常得高或有頻繁的交易等。若董事們發現這次怎麼突然

▲當公司的財報上突然出現新的交易對象，且不斷和公司交易，就可能是「虛增營收」的異常徵兆。

出現一個新的交易對象，且一出現就跟公司不斷地交易，甚至都已經成為公司的前十大交易人了，而仔細檢視交易內容，透過「跟同業相比」後，發現有類似以上異常的特徵。

又如，A 公司以往跟 B 公司交易的慣例都是貨到付款，十年來都不變，怎麼會在今年 B 公司更換負責人（而且負責人還是董事長的遠親）後，付款的條件變成預付貨款。

2. 交易雙方是否存有「公平對等之談判磋商程序」

簡單來講，交易雙方是不是像真的交易一般，會出現雙方各為其主、努力地爭取對自己公司最有利的條件等情形，而不是像演一場戲一樣，對方說什麼，我方也沒啥意見，甚至全力配合，似乎雙方彼此心知肚明，只是表面上將程序走完而已。

此外，請董事們要特別留意屬於證券交易法第 14 條之 5 的 11 種情形（議案），請先找出這一個條文後，仔細地花個 10 秒鐘看看，然後仔細思考，為何筆者說這條很重要？——這部分可以簡單從兩方面觀察：

(1) 從維護資產的角度觀察，可以發現這 11 種情形，都會導致公司的資產（包含動產、不動產、有價證券、衍生性金融商品等）流出或產生負擔，而會對公司產生重大影響。

(2) 從金融犯罪之手法與特徵觀察，常常會出現這 11 種特徵。簡單來說，犯罪者為了遂行犯罪，會操弄或逾越內部控制、會規避取處準則等處理程序、會不忌諱地違反利益衝突（或隱瞞利害關係身分）、會規避「重大」的門檻，而以化整為零的交易方式與頻率進行、會將不聽話的會計師或財務長等主管解任或解職等。

留意並掌握「非常規交易」——程序方面

最後，就交易的「程序」來觀察，請董事們留意將來要審閱或討論的（交易）議案，有沒有應該要遵守的「程序」？

若自己不太懂法律，可以問問公司治理主管（董事會秘書）或法務單位等：「請問一下，關於這次要討論的幾個議案，分別有沒有涉及什麼樣的法律或公司內部規則，是我們在討論時要檢視的必備文件？要踐行的必備程序？以及要問的問題或應該瞭解的事項？」

透過以上方式的完整準備，才比較有機會在有疑問時，適時地發言或留下紀錄來保護自己！

知法熟法

證券交易法第 14 條之 5

1. 已依本法發行股票之公司設置審計委員會者，下列事項應經審計委員會全體成員 1/2 以上同意，並提董事會決議，不適用第 14 條之 3 規定：

   一、依第 14 條之 1 規定訂定或修正內部控制制度。

   二、內部控制制度有效性之考核。

   三、依第 36 條之 1 規定訂定或修正取得或處分資產、從事衍生性商品交易、資金貸與他人、為他人背書或提供保證之重大財務業務行為之處理程序。

   四、涉及董事自身利害關係之事項。

   五、重大之資產或衍生性商品交易。

   六、重大之資金貸與、背書或提供保證。

   七、募集、發行或私募具有股權性質之有價證券。

   八、簽證會計師之委任、解任或報酬。

   九、財務、會計或內部稽核主管之任免。

   十、由董事長、經理人及會計主管簽名或蓋章之年度財務報告及須經會計師查核簽證之第二季財務報告。

   十一、其他公司或主管機關規定之重大事項。

2. 前項各款事項除第 10 款外，如未經審計委員會全體成員 1/2 以上同意者，得由全體董事 2/3 以上同意行之，不受前項規定之限制，並應於董事會議事錄載明審計委員會之決議。
3. 如有正當理由致審計委員會無法召開時，第一項各款事項應以全體董事 2/3 以上同意行之。但第 1 項第 10 款之事項仍應由獨立董事成員出具同意意見。
4. 公司設置審計委員會者，不適用第 36 條第 1 項財務報告應經監察人承認之規定。
5. 第 1 項至第 3 項及前條所定審計委員會全體成員及全體董事，以實際在任者計算之。

05 3 招判斷「非常規交易」

黃國銘｜寰瀛法律事務所策略長、主持律師

證券交易法第 171 條第 1 項第 2 款規定——有下列情事之一者，處 3 年以上 10 年以下有期徒刑，得併科新臺幣 1,000 萬元以上 2 億元以下罰金：「二、已依本法發行有價證券公司之董事、監察人、經理人或受僱人，以直接或間接方式，使公司為不利益之交易，且不合營業常規，致公司遭受重大損害。」

上述條文中的「不合營業常規」應如何判斷？

實務上，曾有見解認為：「舉凡公司交易之目的、價格、條件，或交易之發生，交易之實質或形式，交易之處理程序等一切與交易有關之事項，從客觀上觀察，倘與一般正常交易顯不相當、顯欠合理、顯不符商業判斷者，即係不合營業常規。」[1]

然而此判決提到的「與一般正常交易顯不相當、顯欠合理、顯不符商業判斷」的標準，在具體上似乎仍然難以操作與理解。近來實務見解[2]進一步提出更為具體的判斷流程：

1. 交易雙方是否經由「公平對等的談判磋商程序」獲致交易結果。

交易雙方是否有各為其主、各謀己利，在交易過程中將對方視為與自己無關的第三人，並與之「保持手臂距離般」，就交易的啟動、價格、條件、架構等，進行公平對等的談判。若確實如此，則不論最終交易條件為何，均屬「合於營業常規」的交易。

1 最高法院 98 年度台上字第 6782 號刑事判決要旨。

2 高等法院 110 年度金上重訴字第 17 號刑事判決。

2. 交易雙方最終獲致的交易條件與市場上其他類似交易比較，是否「相當」或「合理」。

雙方最終的交易條件，如價格、數量、履行期、折扣等，與同產業、領域的類似交易相比，是否「相當」或「合理」，對此，在某些情況下或許可從「同業利潤標準表」加以觀察，例如某產業在某年度的毛利率為 20%，但為何同為這產業所涉交易的毛利率竟然是 50% ！另外除了與同業、同領域相比較外，也可考慮與同一交易對象的以往交易情形相比較，例如 A 公司以往對 B 公司都是貨到付款，為何今年開始變成預付貨款？。

3. 公司管理階層的決策程序是否有即時、公開、透明且完整誠實地揭露自我利益衝突。

如有，其既然已實質遵循應有的決策程序，又在接收完整充分資訊下審查並通過，自然難以認定對公司有何不利。要特別留意的是，管理階層必須留意確實有實質遵循「應有」的程序。也就是應注意所涉及交易有無相關的法令、章程或內規？

例如該交易是否適用取得或處分資產處理準則、資金貸與與背書保證處理準則、內部控制制度處理準則等規定。如有，卻沒有具備該有的文件、應有的流程，或未能詢問應瞭解的事項等，則可能還會面臨背信的責任。

「非常規交易」常伴隨著關係人交易、特別背信罪與財報不實，詳言之，行為人常藉由可實質控制的人（或公司），並規避該有的評估、審議及內控程序，進而進行一手遮天的交易，除造成公司損害外，投資人也因不實的財報而受害。

因此，管理階層（尤其是董事們）更應留意在非常規交易中所提到的標準，尤其是——決策程序是否即時、公開、透明，以及相關交易有無相對應的法規所應具備的文件、流程與應了解事項，若有，則應加以落實，以免連帶負責。

06 誠信經營與公司治理

黃國銘｜寰瀛法律事務所策略長、主持律師

試想：為了業績，定期地包紅包（走後門）給公務員或客戶，雖然短期內業績爆發，但可能一輩子都會害怕檢調上門。

再想：客戶或供應商為了討好你，想跟你公司做生意，所以固定提供賄賂或你最喜歡的東西給你，雖然自己短期內很開心，但將來該客戶或供應商提供的產品可能偷工減料，除了傷害到公司外，最終更可能傷害到一般消費大眾。

公司治理評鑑指標方向

反貪腐、誠信經營是公司治理最重要的基石之一。

重點是如何真正地將誠信經營由上而下地貫徹到企業文化中，以及如何將反賄賂統合到組織既有的管理系統流程內。企業除了參考上市上櫃公司誠信經營守則、上市上櫃公司治理實務守則、誠信經營作業程序及行為指南參考範例、上市上櫃公司訂定道德行為準則參考範例等法令外，具體做法上，公司治理評鑑指標提供了一些方向：

(1) 建置企業誠信經營專（兼）職單位（公司治理指標 4.2）

(2) 制訂誠信經營政策（公司治理指標 4.15）

(3) 建立檢舉制度（公司治理指標 4.16）

▲接受客戶討好，除了會傷害公司、傷害消費者，還要擔心檢調上門。

(4) 避免不誠信經營（即額外減分題提到：「公司是否有重大違反誠信經營原則、企業社會責任、內部控制制度或其他不符公司治理原則之情事？」）

上述指標在思考邏輯上是為了貫徹誠信經營文化，公司董事會必須帶頭做起、以身作則。透過董事會通過的政策，足以讓員工、客戶、供應商、主管機關及消費者等利害關係人了解公司管理階層的決心。同時公司更設立專責的單位（可能屬於董事會層級或隸屬董事會），讓利害關係人了解公司不是隨便設立一個單位來應付主管機關，而是真正地要做好這件事。

再者，公司也不是嘴巴說說或只制訂一項政策就將其束之高閣，公司會定期在公司網站或年報中，揭露對於誠信經營政策的履行情形，利害關係人隨時想看都可以看。

公司也了解員工舞弊等經濟犯罪多具有隱密性極高、難以被發現的特性，所以在司法實證上，需仰賴檢舉制度來察覺，才會特地設立了（可具名或匿名的）檢舉制度，供內部員工、客戶、供應商等舉報，而且公司真的在乎此一制度發揮作用。並針對舉報會透過保密方式進行，也不會對於舉報人有任何報復，舉報的調查更會隨著舉報對象層級而有相異處理。

為避免發生重大違反誠信經營或踰越內部控制情形，公司更應定期對於不同職級舉辦客制化誠信經營教育訓練，並透過引進系統與專業顧問，整合所有管理與內部控制流程。

誠信經營的重要性

若要真正讓員工了解反貪腐與誠信經營，並將此等信念放在心中，於發現舞弊時也的確願意去使用檢舉制度，企業就必須真正展現出在乎、關心員工的態度。

▲製定公司治理指標，貫徹誠信經營文化。

舞弊之所以會發生（犯罪動機），不外乎是為情、為仇或為財（可能是貪心或財務陷於困難），雖然如此，絕大多數人都會因為良知而踩下煞車（不去犯罪）。

犯罪觀察上常見的是，某些人因為情緒、仇恨或財務壓力逐漸累積，如果多數人都不願意關心他，甚至到處八卦這個人的困境，這名員工就可能豁出去，犯下舞弊行為。

因此，前面的確提到很多可以實施的制度（包含政策制訂、專責單位、檢舉制度、內部控制等），但制度是冰冷的，實施制度的是「人性」，如果公司在貫徹誠信經營制度與政策的過程，第一步展現的都是關懷與溫暖，相信久而久之，舞弊定能減少，誠信經營的文化也能在公司上下、員工間的彼此照料中，逐漸發芽、奠基。

07 公司治理、誠信經營與檢舉制度

黃國銘｜寰瀛法律事務所策略長、主持律師

公司治理，重在興利與防弊。

在防弊層面，根據舞弊稽核師協會統計——公司每年營收的 5% 是被舞弊者A 走的，而能發現舞弊的途徑，大多數（約 43%）是來自於員工、供應商或客戶的檢舉。

由此可見，「檢舉制度」對於促進「公司治理」與「誠信經營」是多麼重要！此外，主管機關用來評核上市櫃公司在公司治理表現的「公司治理評鑑指標 4.16」，也提到了檢舉制度——公司是否訂定並詳細於公司網站揭露公司內、外部人員對於不合法（包括貪污）與不道德行為的檢舉制度？

沒有內部人檢舉，就一定是好公司？

到底檢舉制度要怎麼實施？應該注意哪些重要事項？

透過以下的真實故事，應該就能了解——

深夜，小慧（化名）獨自一人瑟縮在家中的陰暗角落，淚不停地流。在痛苦、恨與不甘的糾結下，掙扎著是否要撥出這通電話。終於，她鼓起勇氣，顫抖地按下公司提供的檢舉專線，在接通的那一剎那，又深怕家人聽見這自覺難堪的事，於是摀住話筒，用極其細微的音量，訴說著一切。令人意想不到的是，小慧回歸職場後，竟充斥著同事們的冷眼對待與刻意地保持距離，不只如此，公司竟然還

▲內部檢舉後，不但沒有受到保護，反而受到同仁冷眼對待？

拿出保密協議要小慧簽名（意在使小慧不要將此事公諸於世）。最後，小慧被迫離職。

這家公司有沒有依照主管機關的期待設置檢舉制度？——有。

有沒有在年報中的公司治理報告記載「檢舉制度的運作情形」？——應該也有。

但就算有，似乎也是敷衍了事。筆者不禁想到曾經檢視某些公司的檢舉統計時，發現某個年度檢舉數量的統計為零，究竟是這家公司很棒，都沒有人舞弊、收回扣？抑或是這家公司的檢舉制度根本沒有人敢打？所以在分析某些年報數字的意義時，建議大家可以嘗試從不同角度去思考，或許會有不一樣的體悟。

制度設計扣住四大原則，讓員工安心檢舉

回到上述的故事，檢舉制度該如何設計？在此提出四點建議：

第一，公司應該要打造一個讓同仁心理上有高度安全感、無所畏懼的職場環境與氛圍。讓同仁在發現舞弊時、受到委屈（如性騷擾）時，能夠勇敢的打出這通電話或寫出這封信，而不是擔心官官相護或得到無情的回應。

「上市上櫃公司誠信經營守則」第 5 條有提到——上市上櫃公司應本於廉潔、透明及負責之經營理念，制定以誠信為基礎之政策。

公司既然已制訂誠信經營政策，那麼公司的管理階層就必須以身作則，同時透過教育訓練或員工大會，向公司所有同仁表達其堅守誠信與杜絕舞弊的決心，絕不能制訂政策後，就把它擺在一旁。

第二，公司必須保證，對於檢舉者不會進行任何報復，如解雇、解任、降調、減薪、損害其依法令、契約或習慣上所應享有的權益，或其他不利處分。

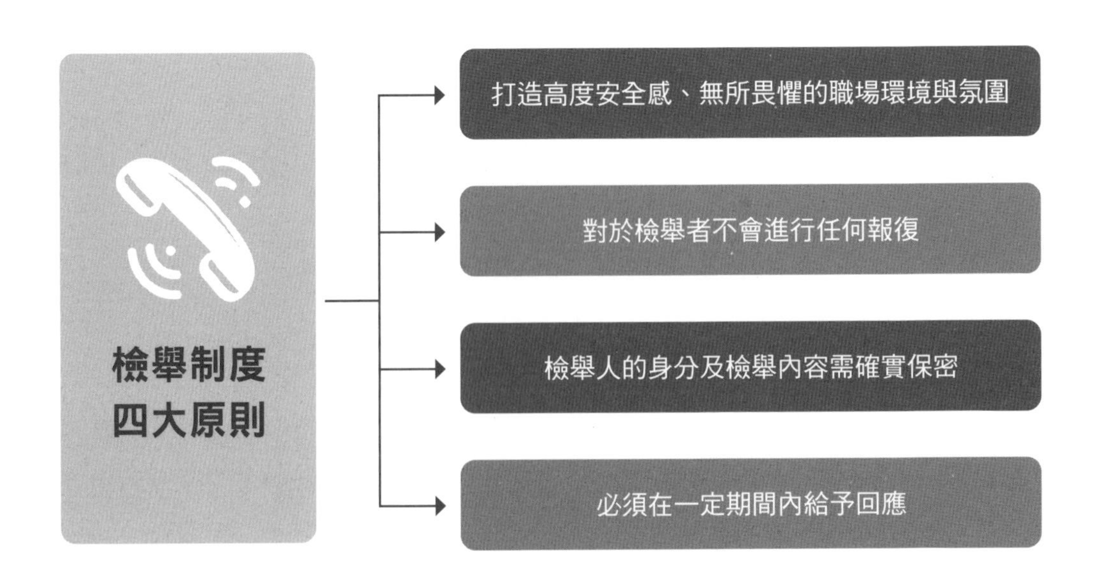

第三，公司就檢舉人的身分及檢舉內容需給予保密，不得洩漏、揭露或公開足以識別其身分的資訊給非必要的第三人，並採取有效適當的保護措施。

第四，針對檢舉人的檢舉，必須在一定期間內給予回應。

或許有人會認為，一直提檢舉制度對公司治理、誠信經營有多好，但要如何解決有同仁發黑函或挾怨報復的情形？

關於這個問題，可以透過建立「受理原則」予以篩選。簡單來說，如果檢舉的內容在人、事、時、地、物等內容並不具體明確，或者也沒有檢附可供查證資料或方向，那麼公司可以暫時不予受理（但仍然應該備查）。

公司治理與誠信經營不是嘴巴説説就好，而是公司管理階層必須真的在乎，透過以身作則，讓所有同仁真切的感受到公司的決心，進而建立一個以誠信正直為本的組織。

08 揭穿中資的隱藏面紗——公司投資併購時應注意事項

李立普｜寰瀛法律事務所主持律師
呂宜樺｜寰瀛法律事務所律師

中資投資人來台從事投資行為應取得事前許可，除新設公司或投資現有事業外，為因應投資行為態樣多元化，若中資投資人以契約或協議等其他方式控制在台企業之財務或營運，或併購在台企業之營業或財產者等投資行為，也應取得事前許可。

而且基於國家安全及社會安定之考量，對於具有中國黨政軍背景之投資人，經濟部投資審議司（投審司）亦予以相當限制。

僑外資公司何以陷中資疑雲？

實務上，常可看到設立於英、美、英屬開曼群島、維京群島的外國企業來台向投審司申請投資許可時，遭認定涉及中資疑義而受阻撓之情形。

這些看似為僑外資的外國公司為什麼會陷入中資疑雲？

絕大部分是因為這些外國公司之最終受益人為中資，或是中資對於該外國公司的董事會或其他可決定公司營運方針的組織具有控制能力，以至於該外國公司被投審司認定為中資企業。換言之，這些外國公司其實都是中資所偽裝的僑外資公司。

何種情況會被視為中資

為避免中資以跨境多層投資方式規避審查，依照大陸地區人民來台投資許可

▲外國企業來台申請投資，因中資疑義而受阻撓。

辦法規定——若該外國公司之的股東結構中，中資持股比例達 30%，或對該外國公司之董事會或其他可決定公司營運方針的組織具有控制能力，則該外國公司將會被認定為中資。

其中持股比例 30% 是採分層認定計算法，例如：具備中資資格的 A 公司持有英商 B 公司 40% 的股份，則該英商 B 公司被視為中資，若該被視為中資的英商 B 公司再轉投資持有德商 C 公司 35%的股份，則德商 C 公司會被認定為中資。

至於何謂「對該外國公司之董事會或其他可決定公司營運方針之組織具有控制能力」？

以「淘寶台灣」的母公司「英商克雷達公司」為例，「英商克雷達公司」共有三名股東，分為 A 股及 B 股，阿里巴巴為 B 股唯一股東；董事會共由三名董事組成，阿里巴巴占有一席，依照「英商克雷達公司」章程規定，股東會及董事會的法定出席人數為兩名，且應至少有一名 B 股代表出席。

所以只要阿里巴巴不出席股東會、董事會，則董事會或股東會將無法召開，由此可知，阿里巴巴對於「英商克雷達公司」股東會或董事會所提議案已具備否決的權利，進而具有控制能力，因此被投審司認定為中資。

實務上也常見因外國公司的上層法人股東董事會、股東會及決策單位具有中國籍或港澳籍成員、中資依法或依約對該外國公司具有實質控制力，使該外國公司被認定為中資公司的案例。

▲在台企業可要求欲投資的外國公司提供相關檢視資料，以確認該公司是否會判定為中資。

公司被判定為中資可能面臨的刑責

綜上所述，中資來台投資限制既複雜且嚴格，而自中美貿易戰以來，有愈來愈多中資透過第三地，以外資的形式投資台灣公司，以取得所需的技術或通路。

我國廠商如未察覺隱藏在外國公司背後的紅色資金，而出售股份、業務，或與其合資，日後若該外資遭判定為實質中資，依法除最高可處以2,500萬元罰鍰，並限期命其撤回投資或改正外，在台負責人亦可能遭檢調以違反兩岸人民關係條例等相關規定起訴，或將面臨一年以下有期徒刑等刑事責任。

面對捧著大把資金前來投資的外國公司，在台企業應如何判斷其是否為「假外資、真中資」？

建議可要求該外國公司提供其董事及股東名冊，檢視其董事或股東是否具有中國籍成員，亦可要求其提供海外控股架構圖等相關資料，逐層檢視最終個人受益人的身分，以確認該外國公司是否被認定為中資的風險存在。

09 新修正國家安全法與企業有關係嗎？

黃國銘｜寰瀛法律事務所策略長、主持律師

立法院在 2022 年 5 月 20 日三讀通過國家安全法部分條文修正案，新增國家核心關鍵技術的相關條文，前國安會秘書長顧立雄更預告於 2023 年年底公布關鍵技術清單，前述所提對於企業與員工會有什麼影響？

舉個企業平常就會遇到的場景——

A 在甲公司研發部門任職了十年。某日，競爭對手乙公司找上了 A，雙方談妥條件，A 準備離職時，心想：既然我以後也都是研發，現在手邊的資料或許暫時想不到怎麼用，總有一天應該會用到，只要公司沒跟我説什麼不能拿走（沒有交接清楚），我能帶就帶。況且我在公司十年了，公司雖然有跟我説保密的重要，但從未説過什麼資料才是公司的機密（我也不知道保密是保什麼秘密）；公司也從不管研發部門的人去使用 USB、照相型手機、雲端、個人筆電等設備；而且這些都是我自己平日（包含自己假日去上課）點滴累積而成的心血結晶，跟公司有什麼關係？

員工離職的洩密與商譽風險

從上述舉例可看出，若企業沒有透過教育訓練或相關保護措施等方式，讓員工了解公司秘密大致的範圍，所謂的「保密條款」，某種程度上形同虛設，因為員工都不知道秘密是什麼，如何確實遵守保密義務？

依照經驗，員工若要離職，只要公司沒説不能拿，基本上可能能拿就拿，而

▲利用 USB 存取資料，是現今上班族習以為常的工作習慣。

且公司的離職交接程序經常敷衍了事，極少清點清楚。

在這些情形下，只要有員工的流動（離職），企業都會面臨高度的洩密風險。

至於有何商譽風險可言？

前面例子所提到關於企業做不好的地方（包含欠缺合理保護措施等），在司法調查或審理的過程中，會被拿出來——檢驗。若企業經不起檢驗的話，可能的結局就是——企業認為有洩密的員工不但沒事（不起訴或無罪），其他員工還可能認為企業會挾怨報復離職員工。企業可能因為保密措施被挑剔，而被認為保密措施做不好，進而影響商譽及客戶、供應商的信心。

應徵、管理員工的營業秘密風險

同樣可以以上面例子來檢視，A 縱使被認為有竊取或越權重製老東家（甲公司）機密，這應該是 A 的事情，跟新東家（乙公司）有關係嗎？

有的！依據營業秘密法第 13 條之 4，乙公司會因為對於「犯罪之發生」未「盡力為防止行為」而遭科以罰金！

但有人會認為，這風險很大嗎？要證明公司「已盡力為防止行為」很難嗎？

事實上風險真的不小，從智慧財產及商業法院 109 年度刑智上重訴字第 4 號判決理由，即可窺知一二：

「聘僱契約書固然均有『乙方不得將其以前雇主之機密資料透露予甲方』之約定，然此僅為一般性、抽象性之宣示性規範，並非積極、具體、有效之防止行為」、「被告公司經營科技業已數十年，當然知道必須盡力避免來自競爭者員工違法使用營業秘密之可能性，惟被告於聲明書『是否曾接觸或經手前任雇主營運、生產或銷售相關之機密資訊』此一問題，竟均勾選為『否』，被告公司竟全無任何質疑、詢問、確認，即予收存，就此等明顯有悖於事實之回答，被告公司全無後續管理動作，直接予以聘用，顯有悖於常理。」

更加嚴峻的風險及預防之道

上述例子若加上以下事實，企業就會面臨刑責更重的國家安全法的法律風險——

A 拿走的資料是被國科會列為「國家核心關鍵技術」的清單之一。此外，A 的行為被發現是「為外國、大陸地區、香港、澳門、境外敵對勢力或其所設立或實質控制之各類組織、機構、團體或其派遣之人」等。

那麼，企業該怎麼辦？關於完整智財保護制度的建立，限於篇幅無法細說，但企業至少需做到：

(1) 盤點公司內部營業秘密的範圍。

(2) 留意將來國科會就「國家核心關鍵技術」範圍的公告。

(3) 由於此類案件不少其實是員工的無心之過，因此企業必須重視教育訓練。

(4) 進行教育訓練時絕不能敷衍了事，建議依照不同部門（對象）給予不同客製化的內容（最好是案例式互動），才能事半功倍。

10 代購業者的紅燈區——黃牛票

洪國勛｜寰瀛法律事務所合夥律師
張天界｜寰瀛法律事務所資深律師

典型販售黃牛票的行為，是指票券購買者非基於自己使用的目的而購買票券，並另以高於原價的金額加價轉賣給其他人，從中獲取暴利的行為。特別是許多國內外知名藝人舉辦演唱會，或是舉行相關體育賽事時，往往於票券開賣時即被搶購一空，之後就會有高於原價數倍的票券在網路上販賣。

急呼立法管制黃牛，效果有限

由於黃牛票的販賣，會影響其他消費者購票的機會，且不當操弄票券市場價格獲利，應立法管制販賣黃牛票行為的呼聲便經常出現。然而，近年興盛的代購票券服務，屬於加上一定服務費後購買票券並轉售他人的行為，是否也應歸類於販售黃牛票的行為，其實不容易判斷。

最早針對販賣黃牛票的行為進行處罰的法令，主要是社會秩序維護法第 64 條第 2 款[1]規定，處以 3 日以下拘留或新臺幣 1 萬 8 千元以下罰鍰，而針對販售火車票或高鐵票等黃牛票的行為，鐵路法第 65 條第 1 項[2]也有規定相關罰則。

只是過往法院實務對於既未遂要件多援引刑罰理論，認為若當初是免費取得

1 社會秩序維護法第 64 條規定，有左列各款行為之一者，處 3 日以下拘留或新臺幣 1 萬 8 千元以下罰鍰：第 2 款，非供自用，購買運輸、遊樂票券而轉售圖利者。

2 鐵路法第 65 條第 1 項：購買車票加價出售或換取不正利益圖利者，按車票張數，處每張車票價格之 5 倍至 30 倍罰鍰。加價出售車票或取票憑證圖利者，亦同。

▲知名藝人的演唱會經常是開始售票就秒殺，第二天黃牛票便出現在網路上。

或受託取得票券，而非以購買方式取得者；或警察偽裝以消費者身分進行購買的查緝方式，因無買受票券的意思，行為人轉售行為並未實際發生，所以不能予以處罰，以至於遏止黃牛票的效果十分有限。隨著科技發展，也常見以「搶票機器人」大量進行購票的行為，同屬於影響一般消費者購票權益的行為，尚未有相對應的規範。

規範越來越嚴，代購服務要小心

112 年 5 月 31 日，增訂文化創意產業發展法第 10 條之 1 規定——若將現場演出的音樂、戲劇、舞蹈等藝文表演活動的票券，以超過票面金額或定價販售者，應按票券張數，處以票面金額或定價的 10 倍至 50 倍罰鍰，且若以虛偽資料或其他不正方式，利用電腦或其他相關設備購買票券者，並將處以 3 年以下有期徒刑，或併科新臺幣 300 萬元以下罰金。

另因國內運動賽事蓬勃發展，購買運動票券並進行高價轉售的行為亦時有所聞，113 年 1 月 3 日再增訂運動產業發展條例第 24 條之 1 第 2 項規定，不僅將運動票券納入規範，更明確規範——縱然是免費入場的票券，若是將該票券定價給予販售者，主管機關仍可按票券張數進行裁罰。

針對社會秩序維護法第 64 條第 2 款規定，113 年初臺灣臺中地方法院 112 年度中秩字第 152 號刑事裁定也明確指出——如行為人已著手實施現場招攬兜售、網路標售等行為，就是達重要階段的行為，而得認定為既遂犯並給予處罰。

從上述規範可知，目前臺灣針對販售黃牛票行為的規範與實務認定標準日趨嚴格，甚至針對以「搶票機器人」進行購票的行為課予刑事處罰，建議大家除了不要有黃牛行為，在從事代購服務時，只要轉售價格高出票面價格者，就可能有觸法的疑慮，不可不慎。

知法熟法

運動產業發展條例第 24 條之 1・第 2 項

將公開販售之運動賽事或活動票券，以超過票面金額或將該運動賽事或活動無票面金額票券定價販售者，按票券張數，由主管機關處每張票面金額或無票面金額票券區域對照所應販售票面金額之十倍至五十倍罰鍰。將全面或部分免費入場之運動賽事或活動免費票券定價販售者，按票券張數，由主管機關處每張票券新臺幣一萬八千元以下罰鍰。

▲國際球賽也是球迷必追的最愛，若有代購服務，也要小心觸法受罰。

11 境外 VASPs 要落地納管，才能招攬業務

涂慈慧｜寰瀛法律事務所資深顧問／國際公認反洗錢師 CAMS

2019年，臺灣於亞太洗錢防治組織（APG）第三輪相互評鑑，獲「一般追蹤」佳績，爾後兩年繳交一次追蹤報告，預計將於 2030 年迎來第四輪相互評鑑。

2023年 10月的追蹤報告，強化對於虛擬通貨平台及交易業務事業（VASPs）的規範與監理，為其一項重點，可以預見未來洗錢防制法與資恐防制法的修正及相關政策實施重點，會與虛擬資產及交易所業者／平台的管理有高度關聯性。

金管會將循序漸進監理境外 VASPs

2023 年 3 月，金管會奉行政院指示，確定擔任具金融投資或支付性質虛擬資產平台的主管機關，由金管會研擬相關管理機制，不過，目前虛擬通貨交易事業仍不屬於特許事業，尚無需由金管會審查發出特許執照，也沒有資本額的進入門檻限制。金管會表示，作為 VASPs 的洗錢防制暨打擊資恐的主管與監理機關，會循序漸進採取監理。

2023 年 9 月，金管會發布了 VASPs 指導原則，當中重點之一是對於境外幣商的監管，要求境外虛擬資產平台業者非經依我國公司法辦理登記，並向金管會辦理完成洗錢防制法令遵循的聲明者，不得在我國境內或向國人進行廣告或提供新臺幣出入金等業務招攬情事。

因此境外 VASPs 在未落地納管的情形下，不得在我國境內進行業務招攬，縱使不是直接在我國境內為之，直接或間接針對國人進行業務招攬的行為，也不

可以發生。未經落地納管卻從事虛擬通貨平台及交易業務的境外 VASPs，恐在臺灣面臨刑事責任及稅務責任。

境外 VASPs 設在臺辦事處，不等於符合落地納管

境外 VASPs 在臺灣設有辦事處，不等於就符合落地納管的要求，外國公司的臺灣辦事處只能代表該外國公司在臺灣境內從事簽約、報價、議價、投標、採購等行為，但無法在臺灣境內從事營業行為，所謂在我國境內或向國人進行廣告，或提供新臺幣出入金等業務招攬的行為，已涉及在臺灣從事營業行為。

金管會已訂定「提供虛擬資產服務之事業或人員洗錢防制登記辦法」（2024 年 11 月 30 日施行），要求虛擬資產服務商按業務類別進行分業登記，未完成登記而提供虛擬資產服務者，將面臨 2 年以下有期徒刑、拘役或科或併科新臺幣 500 萬元以下罰金之刑責。

臺灣 VASP 公會已於 2024 年 6 月正式成立，屬於「監管型」的公會，其首要任務是擬定 VASP 自律規範，執行業者的分級與分類管理，鎖定防制洗錢、打擊詐騙、消費者保護及強化業者自身管理等 4 大重點，境外 VASPs 欲落地臺灣從事虛擬通貨平台及交易業務，除應留意洗錢防制及打擊資恐相關法令與上開 VASPs 指導原則外，未來也應當留意遵守 VASP 自律規範。

12 出口未經許可之管制物品，小心觸法受罰

涂慈慧｜寰瀛法律事務所資深顧問／國際公認反洗錢師 CAMS

出口管制的規定越來越複雜，且變化多端，企業從事出口業務做好準備了嗎？

假設有出口商員工輸出未經許可之管制物品，出口商又對其員工之犯行有未盡監督管理義務之疏失，除了員工會構成犯罪，出口商是否就可完全免責？——當然不是！出口商也會面臨須就其不作為負上法人刑事責任的風險。

所以要確保企業內部各個部門有明確的控管步驟，且依循一定流程標準，才能降低與涉及恐怖組織或受國際制裁之對象交易的風險，避免誤觸出口管制規範，也才能提前因應取得出口許可，避免無法及時出口所造成的企業損失。

戰略性高科技貨品若要輸出，須取得許可

戰略性高科技貨品（SHTC）必須取得許可，始能輸出。該貨品係指戰略性高科技貨品輸出管制清單內的貨品，包括：軍商兩用貨品及技術出口管制清單、一般軍用貨品清單、輸往俄羅斯及白俄羅斯高科技貨品清單及輸往北韓敏感貨品清單、輸往伊朗敏感貨品清單等等；或雖出口貨品非屬前述清單內之項目，惟最終用途或最終使用者有可能用於生產、發展核子、生化、飛彈等軍事武器用途者。

前述管制貨品分為十大類別，包括：核能物質（第 0 類）、特殊材料（第 1 類）、材料加工（第 2 類）、電子（第 3 類）、電腦（第 4 類）、電信及資訊安全（第 5 類）、感應器與雷射（第 6 類）、導航與航空電子（第 7 類）、海事（第 8 類）、航太與推進系統（第 9 類）。

如未經許可而出口前述管制物品，將會面臨有期徒刑、拘役、科或併科罰金或罰鍰、停止輸出、輸入，或輸出入貨品，或撤銷進出口廠商登記等裁罰。

若是企業不確定出口貨品是否屬於戰略性高科技貨品，可利用國貿署「戰略性高科技貨品鑑定諮詢」。

企業建立內部出口管控制度（ICP），進行篩檢

企業可建立內部出口管控制度（ICP），自行就一連串的流程，從「客戶詢價」、「訂單處理」、「會計作業」到「出貨」進行篩檢，並就該制度申請取得國貿局認定，取得認定之出口商，於申請戰略性高科技貨品輸出許可證時，將可享有「戰略性高科技貨品輸出入管理辦法」的優惠。

也就是針對同一交易對象申請輸出許可證，可從逐筆申請擴大為一次性申請，效期可達 3 年，降低人員多次申請辦證程序的繁瑣，使出口貨品更有效率。

透過建立 ICP 制度，企業可自主控管，在出口管制的法令遵循上會更有效率，避免誤觸出口管制規範的風險，將有助於提升企業的商譽及形象。

▲電子材料、產品屬戰略性高科技貨品，須取得許可後，才可以出口。

13 電子簽章新時代來臨，淺析相關法令

葉立琦｜寰瀛法律事務所助理合夥律師

「電子簽章法」自民國 91 年 4 月 1 日通過施行以來，電子簽章的使用其實早已深入日常生活之中，例如信用卡的電子簽單、線上申辦電信門號及網路投保等數位服務，可見國人對於電子文件、電子簽章等數位化解決方案已習以為常。

民國 113 年 2 月 29 日，行政院通過數位發展部提出的「電子簽章法修正草案」，立法院也在 4 月 30 日三讀通過。這一次電子簽章法的修正，意味電子簽章將邁入新時代，使用電子化、線上服務，甚至推動企業永續的公司，都應重視此次電子簽章法的修正。

電子簽章法修正涵蓋六大方向

(1) 明定電子文件、電子簽章不得只因其電子形式而否認其法律效力，使電子文件、電子簽章具備實體文件、實體簽章的效力。

(2) 明定數位簽章為電子簽章的一種類型。

(3) 區別各種電子簽章的法律效力強度，明定數位簽章具有推定為本人親自簽名或蓋章的效力。

(4) 明定文件或簽章於使用電子形式之前，應以合理方式給予相對人反對使用的機會，並告知相對人未反對者，推定同意採用電子形式。

▲生活中，常可見需使用電子簽章的服務。

(5) 刪除現行條文中「行政機關得以公告排除電子簽章法之適用」的規定，未來行政機關僅得依法律排除電子簽章法的適用，並考量司法程序的特殊性，明定司法程序排除電子簽章法的適用。

(6) 在具備安全條件相當、符合國際互惠或技術對接合作原則下，主管機關得許可外國憑證機構所簽發的憑證與本國憑證機構具相同效力。

電子簽章法已完成修法並於 113 年 5 月 15 日起施行，司法實務對於電子文件、電子簽章的效力，仍時有爭議。以電子簽章方式簽立的本票為例，臺北地方法院 111 年度抗字第 129 號民事裁定即認為——執票人有提出本票的電子簽署軌跡、電子簽章網站頁面等資料，且亦有發票人同意以電子簽章方式簽立本票的通訊軟體對話紀錄，進而准許執票人以電子形式的本票聲請強制執行。

但臺北地方法院 112 年度抗字第 314 號民事裁定，引用了臺灣高等法院暨所屬法院 111 年度法律座談會民事類提案第 30 號的結論，認為——發票人與執票人雖然合意以電子簽章方式簽發本票，但仍屬約定票據法上所不規定的事項，依票據法第 12 條規定，不生票據上之效力，故無法據此結合電子簽章法使票據透過電子簽章方式成為電子文件而生票據上效力。故執票人以電磁紀錄列印的紙本本票聲請強制執行，無從准許。

相關法規需通盤檢討

票據法規定有本票的形式要件，具備各項應記載事項的本票，即應屬有效的本票，且法律或行政機關均沒有公告票據的簽發排除適用電子簽章法，上開法律座談會的結論認為「票據須為實體物」或「透過約定方式以電子簽章為發票行為，應依票據法第 12 條之規定不生票據上之效力」，似對於電子文件、電子簽章的效力仍有疑慮。

電子簽章法第 4 條固然增訂：「電子文件及電子簽章，符合本法規定者，在功能上等同於實體文件及簽章，不得僅因其電子形式而否認其法律效力」，若司法判決對於電子文件、電子簽章均採取較為保守的見解，則僅透過電子簽章法的修正，可能仍不足以因應電子簽章新時代的來臨。

電子簽章法修正通過後，行政機關將不得再以公告方式排除電子簽章法的適用，通盤的檢討各項法規如何適用電子簽章法，才是「促進數位經濟及數位服務之發展」的大工程。

▲各項法規如何適用電子簽章法，是「促進數位經濟及數位服務之發展」的大工程。

14 簡介《上市上櫃公司風險管理實務守則》

李立普｜寰瀛法律事務所主持律師
魏芳瑜｜寰瀛法律事務所助理合夥律師

證交所和櫃買中心 2022 年 8 月訂定實施《上市上櫃公司風險管理實務守則》，希望協助上市上櫃公司建立完善的風險管理制度，避免發生可能導致公司目標無法達成、造成公司損失或負面影響的風險事件，包含策略風險、營運風險、財務風險、資訊風險、法遵風險、誠信風險、其他新興風險（如氣候變遷或傳染病相關風險）等，使企業可穩健經營業務、朝企業永續發展目標邁進。

以下簡要介紹該守則的內容：

風險管理政策與程序

上市上櫃公司應訂定風險管理政策與程序，其內容至少需涵蓋風險管理目標、風險治理與文化、風險管理組織架構與職責、風險管理程序、風險報導與揭露。其中，風險管理程序應至少包含風險辨識、風險分析、風險評量、風險回應及監督與審查機制五大要素，並載明各要素實際執行的程序與方法。

而且應該在公司網站或公開資訊觀測站中，揭露風險管理政策與程序、風險治理與管理組織架構、風險管理運作與執行情形（包含向董事會及委員會報告的頻率與日期）。

風險管理單位

應以董事會作為風險管理的最高治理單位。上市上櫃公司得考量公司規模、業務特性、風險性質與營運活動，設置隸屬於董事會的風險管理委員會，並指派適當風險管理推動與執行單位。

董事會

為風險管理的最高治理單位，其職責包括核定風險管理政策、程序與架構；確保營運策略方向與風險管理政策一致；確保已建立適當的風險管理機制與風險管理文化；監督並確保整體風險管理機制的有效運作；分配與指派充足且適當的資源，使風險管理有效運作。

風險管理委員會

過半數成員宜由獨立董事擔任，並由獨立董事擔任主席。

▲董事會是風險管理的最高治理單位。

風險管理委員會應對董事會負責，並將所提議案交由董事會決議。風險管理委員會應訂定組織規程，並經由董事會決議通過。

組織規程的內容應包括委員會之人數、任期、職權事項、議事規則、行使職權時公司應提供的資源等事項。上市上櫃公司亦得考量其規模大小，以其他功能性委員會或工作小組形式，替代風險管理委員會的職能。

風險管理委員會的職責：包括審查風險管理政策、程序與架構，並定期檢討其適用性與執行效能；核定風險胃納（風險容忍度），導引資源分配；確保風險管理機制能充分處理公司所面臨的風險，並融合至日常營運作業流程中；核定風險控管的優先順序與風險等級；審查風險管理執行情形，提出必要的改善建議，並定期（至少一年一次）向董事會報告；執行董事會的風險管理決策。

風險管理推動與執行單位

上市上櫃公司得考量公司規模、業務特性、風險性質與營運活動，指派專責單位，或以任務編組方式組成風險管理推動與執行單位。

風險管理推動與執行單位的職責，包括擬訂風險管理政策、程序與架構；擬訂風險胃納（風險容忍度），並建立質化與量化的量測標準；分析與辨識公司風險來源與類別，並定期檢討其適用性；定期（至少一年一次）彙整並提報公司風險管理執行情形報告；協助與監督各部門風險管理活動的執行；協調風險管理運作的跨部門互動與溝通；執行風險管理委員會的風險管理決策；規劃風險管理相關訓練，提升整體風險意識與文化。

▲ 風險管理委員會過半數成員宜由獨立董事擔任，並由獨立董事擔任主席。

15 聲請破產被駁回的理由

葉大殷｜寰瀛法律事務所創所律師
葉立琦｜寰瀛法律事務所資深律師

近來全球經濟市場瞬息萬變，通貨膨脹、利息調升等重大變動，可能造成個人或法人步入不能清償債務的萬丈深淵。按消費者債務清理條例、破產法的規定，債務人若有不能清償債務的情形，可以依消費者債務清理條例聲請更生、清算，或依破產法聲請破產，二者都是協助債務人清理債務的程序，但從司法案件統計上，准駁情形卻有相當大的差異。

數字會說話：消債聲請的准駁情形

依司法院民國 110 年統計年報有關「地方法院消債聲請事件終結情形」的統計數字，自 101 年起至 110 年止聲請更生事件總計為 33,997 件，裁准更生的案件總計為 24,699 件（裁准比率為 72.7%）；聲請清算事件總計為 9,995 件，裁定開始清算的案件總計為 7,984 件（裁准比率為 79.9%）。

有關「地方法院民事破產事件終結情形」同期間的統計數字，聲請破產事件總計僅有 2,013 件，宣告破產的案件更只有 287 件（裁准比率為 14.3%）。

二者同為清理債務的程序，同樣期待債務人能夠透過債務清理程序重獲新生，為何破產事件不論是案件數量或裁准比率，都大幅低於更生或清算事件？

這些聲請破產的個人或法人，在破產程序中，是因為什麼原因而被法院駁回聲請？——或許可以從法院駁回破產聲請的理由，探知我國破產程序何以難如登天。

▲依司法院民國 110 年統計年報數字，宣告破產的裁准比率為 14.3%。

破產聲請不可毫無財產或財產為零

破產法上所規定宣告破產的要件，為破產法第 57 條之「債務人不能清償債務」，但司法院一紙古老的解釋為此增加了新的要件。

按司法院 25 年院字第 1505 號解釋——法院就破產之聲請，以職權為必要之調查，確係毫無財產，則破產財團即不能構成，無從依破產程序清理其債務。

由此可知，陷入困頓的債務人若想要透過破產程序清理債務，還要切記不能「毫無財產」或「財產為零」。

最高法院 86 年度台抗字第 479 號民事裁定更進一步表示——倘債務人確係

毫無財產可構成破產財團，或債務人之財產不敷清償破產財團之費用及財團之債務，無從依破產程序清理其債務時，始得以無宣告破產之實益，裁定駁回聲請。

自此以後，債務人除了不能毫無財產之外，若所剩餘的財產不足清償破產財團費用，也會因「無宣告破產之實益」而遭法院駁回聲請。此後，法院在審理破產事件時，除了考量有無債務人不能清償債務的情形外，也開始將「有無宣告破產之實益」作為是否宣告破產的要件。債務人聲請破產時所剩餘的財產數額，更成為法院調查、考量有無宣告破產實益的重要依據。

最高法院 98 年度第 4 次民事庭會議第 7 號提案的決議，更持續為高牆添磚，並稱——債務人之資產已不足清償稅捐等優先債權，他債權人更無受償之可能，倘予宣告破產，反而需優先支付財團費用，將使破產財團之財產更形減少，優先債權人即稅務機關之債權減少分配或無從分配，其他債權人更無在破產程序受分配之可能，顯與破產制度之本旨不合。

近期更有法院（臺北地方法院 107 年度破字第 10 號）裁定表示——聲請宣告破產事件需破產人財產扣除有別除權之債權及財團費用後，尚有餘額可供債權人分配，方有宣告破產之實益。

債務人遭逢財務困難時，想要以破產程序清理債務，已經從不能毫無財產，到要足以清償財團費用，再到還要足以清償稅捐等優先債權及財團費用，到近日還要扣除別除權後仍有餘額可分配給普通債權人，才有宣告破產之實益。

債務人的財產數額如果仍高於有別除權的債權，似乎也不會走向破產一途，法院卻不斷為宣告破產增添難度，是否正代表我國的破產制度需要盡速檢討和修正。

法院審理破產事件時，宜重視債務人困境

最高法院 96 年度台抗字 442 第號民事裁定曾表示——破產制度兼具債權人平

▲法院築起的破產高牆，其結果甚至導致個人走投無路，公司淪為殭屍企業。

等受償及債務人經濟更生之功能，且依破產法第 112 條之規定，有優先權之債權亦僅先於他債權受償，則法院自不得以稅捐稽徵法第 6 條第 1 項規定稅捐之徵收，優先於普通債權，債務人所欠稅捐影響其他債權人之受償，即謂無宣告破產之實益。

法院於審理破產事件時，往往忽視了破產法協助債務人經濟更生的功能，在解釋法規的同時增加了破產法上所沒有的要件，而且不斷擴張解釋。

所謂的「無宣告破產之實益」，只是冰山一角，無法適用消費者債務清理條例更生、清算的債務人，面對法院築起的破產高牆，或許也是這些個人、公司無法清理債務、經濟更生的原因之一，其結果甚至導致個人走投無路，公司淪為殭屍企業，除了從法制上重新檢討之外，法院於審理破產事件時，也應該更加重視債務人所面對的困境。

16 破產宣告後，債權人已提起的訴訟有無權利保護必要？

葉大殷｜寰瀛法律事務所創所律師
葉立琦｜寰瀛法律事務所助理合夥律師

新冠肺炎疫情及政府的疫情管制措施，對於中小企業的經營造成重大影響。疫情期間，許多無力經營的公司、行號或個人，在無可奈何的情況下選擇聲請破產宣告，作為清理公司或個人債務的手段。

觀察 2021 年後申請破產的案件，可以得見大部分都有提到新冠疫情對於公司營運的影響，而且以旅館、餐飲和經營商品進出口貿易之的公司為大宗。

然而受到疫情影響的，不僅僅是這些聲請破產的中小企業，也包括與這些中小企業進行商業活動或是貸款給這些中小企業的債權人。

按破產法第 98 條規定——對於破產人之債權，在破產宣告前成立者，為破產債權，但有別除權者，不在此限。

第 99 條規定——破產債權，非依破產程序，不得行使。

如果債權人在債務人破產宣告前，已積極提起訴訟保障自身權利，債務人卻在訴訟過程中經法院宣告破產，債權人已提起的訴訟是否會受到破產宣告的影響？

真實案例

債務人為餐飲公司的負責人，分別向兩間銀行借款並擔任連帶保證人。因餐飲公司營運受疫情影響，導致無法遵期償還銀行借款，兩間銀行各自對公司及債務人提起訴訟，請求公司及擔任連帶保證人的債務人連帶返還借款。

在訴訟期間，債務人經法院宣告破產。就此情形，相同法院卻作出結論相反的判決！

地方法院判決案例

第一例——臺北地方法院 110 年度訴字第 5129 號民事判決稱：

「破產債權之範圍、申報、順序、比例，就破產財團財產而為分配，悉依破產法之規定，該破產債權人應祇可依破產程序行使其債權以受清償，殊無再另以訴訟方法或其他非訟程序行使其權利之餘地，如債權人就破產債權訴請清償，應認其訴欠缺權利保護要件。」

駁回銀行對債務人的請求。

第二例——臺北地方法院 110 年度訴字第 5037 號民事判決針對相同之債務人卻稱：

「破產債權人如未依破產法規定於期限內申報債權，僅係不得依破產程序行使權利，不因此使破產債權人喪失對破產人另行起訴以取得執行名義之權利……破產程序中破產法院就是否加入破產債權或其數額多寡異議所為之裁定，與依訴訟程序取得實體上之執行名義不同，無論破產債權人有無於期限內依破產程序申報債權，破產債權人均有另行起訴，取得執行名義，以備其他破產債權人等對其異議之利益。」

進而肯認銀行對於債務人之請求仍有權利保護之必要。

高等法院研討意見

就類似的法律問題，臺灣高等法院 108 年法律座談會民事類提案第 18 號曾作出研討意見認為：

「破產人之債權人不於規定期限內向破產管理人申報其債權，僅不得就破產財團受清償，該破產債權不因未向破產管理人申報而消滅，仍得於破產程序終結後，向債務人求償……倘破產債權人於債務人經宣告破產前即已提起訴訟，可能仍有予以實體裁判之必要，尚不能逕以欠缺權利保護要件而判決駁回其訴訟。」

最高法院判決

最高法院 109 年度台上字第 1266 號民事判決，則以請求為給付之訴或確認之訴，為不同認定。其判決稱：

「破產債權人在破產程序中，除有特別情形外，祇可依破產程序行使其債權以受清償，殊無另再以訴訟程序或其他非訟程序行使其權利之餘地，倘其起訴行使權利，固應認其權利保護要件有欠缺……破產債權人業於破產程序中依限申報債權，而破產管理人對破產債權之存否或數額有爭執者，非另行訴請確定無由解決，破產債權人即非不得起訴請求確認其債權存否或數額，以謀救濟，法院不能逕以欠缺權利保護要件而判決駁回其訴訟。」

據此，債權人雖不得另訴請求經破產宣告的債務人清償債務，但如果就債務的存否或數額有爭執，仍然可以提起確認訴訟而有權利保護的必要。

相同的案例期待法院作出相同的解釋

新冠肺炎對人們生活的影響正逐漸減輕，對中小企業造成的後遺症卻仍在持續。

▲相同的案例，法院作出相同的解釋，才能贏得人民對於司法的信賴。

如果遇上債務人經法院宣告破產時，務必採取必要的法律行動，諸如於法定期間向破產管理人申報債權，或對於債務人積極提起確認訴訟，如此一來才能保障自身權益。

同時，法院對於法律的解釋和適用，應該具有統一性和可預測性，我們當然期待法官依循過往法院案例的法律見解，針對相同案例事實作出相同的法律解釋，如此才能贏得人民對於司法的信賴。

17 家族企業的接班規劃

王雪娟｜寰瀛法律事務所資深合夥律師
林禹維｜寰瀛法律事務所資深律師

家族企業占全球企業總數的 90%，在全球的經濟中扮演著極為重要的角色，有些家族企業在營運上甚至表現得比非家族企業更好，生存期間更長。因此，家族企業在作為經濟基石的商業社會，若未妥善規劃企業的接班規劃，則極有可能在傳承時發生經營權爭奪、企業經營績效下降等問題。

經過統計，多數台灣家族企業雖然計畫將經營權和股權一起交棒給下一代，但僅有極少數的企業具備健全的接班計畫。由此可見，家族企業主在為台灣拚經濟時，似乎尚未注意到即早規劃企業的接班與接班人培養的重要性。

公司治理 3.0 的評鑑指標

金融監督管理委員會自 2021 至 2023 年所推動的「公司治理 3.0 ——永續發展藍圖」，重點包含以下 5 大主軸：

- 強化董事會職能，提升企業永續價值。
- 提高資訊透明度，促進永續經營。
- 強化利害關係人溝通，營造良好互動管道。
- 接軌國際規範，引導盡職治理。
- 深化公司永續治理文化，提供多元化商品。

其中在強化董事會結構與運作部分，特別強調董事會多元化與企業接班規劃，且將「董事及重要管理階層接班規劃」納入評鑑指標，審視公司是否訂定董事會成員及重要管理階層的接班規劃，是否公司網站或年報中揭露運作情形。

由於多數台灣家族企業主採「子承父業」的規劃方式，預計從家族後代中選擇有能力者作為家族企業未來的接班人，並將企業的經營權和股權一起交棒給下一代。在此模式下，家族企業主固然應著重將家族後代培養成為有能力的接班人，也應審視家族企業在未來 10 年、20 年的發展，同時培養家族企業的重要管理階層，作為將來與家族後代共同治理企業的重要人員，也能夠避免當家族後代無意願接班或無能力接班時，家族企業無適合人選進行接班。

培養家族後代接班人與重要管理階層

家族後代不可能人人皆有媲美接班人的才華與企業經營能力。許多擁有百年歷史的家族企業，在家族接班人的養成方式，會制定「家族憲章」跟設立「家族理事會」作為家族接班人培養的指導原則及實踐方式。透過家族憲章制訂「家族企業傳承及人才培育」準則，由家族理事會依照家族企業在未來 10 年、20 年的發展規劃，培養家族接班人。

千軍易得，一將難求！家族企業主固然針對家族接班人進行養成規劃，仍應注意家族後代可能無接班意願或無能力接班的風險。對此，家族企業可著重於企業未來 10 年、20 年的發展策略，針對高階經理人、董事會成員等關鍵職位建置人才庫，以培育關鍵人才為企業事業群主管的目標。

若家族後代有能力且有意願接班，家族企業所培養的關鍵人才可作為將來與家族後代共同治理企業的重要人員；反之，可避免當家族後代無意願接班或無能力接班時，家族企業所培養的關鍵人才也能夠進行接班。

總結來說，為了讓家族企業能夠永續經營，把長輩打下的事業基礎妥適傳承，家族企業宜盡早審慎思考及規劃接班事宜。

18 企業傳承之閉鎖公司章程設計

潘怡君｜寰瀛法律事務所資深合夥律師
林禹維｜寰瀛法律事務所資深律師

由於沒有事先規劃與溝通家族接班事宜，導致後代爭產，疏於專心經營本業，最終讓外人入主企業的事件屢見不鮮，也凸顯若未事先妥善規劃，將可能失去先人所打下的江山。

有鑑於此，已有家族企業主期望能以「閉鎖性股份有限公司（下稱「閉鎖公司」）」的方式，安排家族企業的控制與傳承。

閉鎖公司章程應該有什麼特色？如何設計才能夠維持家族控制與傳承？

股份不能任意轉讓

公司法的原則為股份有限公司的股份得自由轉讓，但閉鎖公司為了維持閉鎖性，公司法特別規定閉鎖公司必須在章程中載明對股份轉讓的限制。因此家族企業如為閉鎖性公司，即可在章程訂定「同意條款」，或以同一條件優先承購的「先買條款」等，作為限制股份轉讓的方式，來避免對於經營企業不感興趣的後代子孫，出賣其因繼承所取得的股權給外部人，影響家族對於企業的控制權。

為避免因為繼承，導致非閉鎖公司股東之人受讓閉鎖公司股東的股份，影響閉鎖公司的閉鎖性質，通常在章程中也會針對股東發生繼承情形時，該名股東的股份該如何轉讓的條款。

近期即有最高法院民事判決認為──閉鎖性公司最大特點，就是股份的轉讓受到限制，以維持其閉鎖特性，所閉鎖性公司章程就股份轉讓的限制，只要不違反強制規定或公序良俗，即應認其為有效。進而肯認如閉鎖公司為維持閉鎖特性，於章程規定在公司股東去世時的股份轉限制條款（例如因死亡發生繼承或遺贈情事時，經全體特別股股東同意，得指定股東承購該死亡股東的股份），合於公司法相關規定，也無違反公序良俗，為有效的轉讓限制條款。

複數表決權特別股與黃金特別股的設計

閉鎖公司可以發行複數表決權特別股，或對於特定事項有否決權的特別股（黃金股），因此家族企業可利用閉鎖公司的特別股相關規定作為控股機制，透過發行此種複數表決權股或特別股給執行公司業務、主要負責經營的家族成員，使其得以確實掌握家族企業的決策權。

股東間可訂定表決權行使決議

家族企業主若擬利用閉鎖性公司作為經營權及股權控制的方式，除了得運用上述限制股份轉讓、特別股的規定外，也可以藉由家族股東間以書面約定表決權行使的方式，匯集家族股東的力量共同行使表決權，以鞏固對企業的主導權。

採此方式的優點，除了確保公司的經營團隊由家族內部人擔任，重要營運事項符合家族企業的經營理念外，也可以避免引進外部股東參與公司經營時，外部股東策動部分家族成員，共同利用公司法第 173 條之 1 關於過半數股東得自行召集股東臨時會的規定，召開股東臨時會取得董事、監察人席次，發生家族企業最不樂見的經營權爭奪戰。

除了閉鎖公司的章程針對股權轉讓、股東間表決權行使的約定外，也可搭配家族憲法、家族理事會或家族辦公室等，綜合規劃家族企業的傳承與接班事宜。

CHAPTER 3

第三章
營業秘密

01 營業秘密保護——蒐證的藝術

郭維翰｜寰瀛法律事務所資深合夥律師／前新竹、桃園檢察官

公司為避免機密資料外洩，有時會透過軟體監控員工的電子郵件及通訊紀錄，並可能因此發現員工有洩密的行為。

這時不免會有疑問：使用軟體監控員工的行為是否合法？因此取得的證據在訴訟上是否可使用？

舉例來說，某甲公司為知名新創科技公司，因應疫情後工作型態改變，允許員工每週可以有一天居家遠端辦公，但甲公司負責人 A 擔心員工居家辦公有導致公司機密外洩的風險，所以指示 IT 人員在員工的公務電腦安裝監控軟體，對於員工的通訊軟體及公務信箱進行監控。某天 A 收到 IT 人員告知，資深工程師 B 將甲公司重要營業秘密文件，透過公務信箱以及通訊軟體傳給不知名的外部人，A 隨即指示 IT 人員彙整監控所取得的相關證據，並對 B 提出刑事訴訟及民事求償，B 在訴訟過程中，得知相關證據是被監控下取得，也對 A 提出告訴。

針對此案例，提出以下重點：

1.A 指示 IT 人員在 B 公務電腦安裝監控軟體的行為是否合法？

依目前實務見解，判斷的關鍵應在於——員工對自身隱私有沒有合理的期待？

簡單的說，如果公司事先已經明確告知員工公司的相關規範，並經過員工同意，那麼此時監控的行為較有可能會被認為是合法，因為此時員工已經對於可能的監控行為有所認知（但仍不能踰越正當合理目的）。

反之，如果甲公司並未告知員工，自行監控員工的電子郵件或通訊軟體，則屬於侵害員工隱私，公司及決策者就可能面臨來自員工提出的訴訟風險。

2. 監控 B 使用公務電腦取得的資料，是否可作為訴訟證據？

如前所述，倘若甲公司事先有告知 B 相關規範，此時透過監控軟體取得的資料理當可作為訴訟上的證據，較無疑問。

若是甲公司事先並未告知 B 相關規範，而導致侵害 B 隱私權，使得監控行為可能違法，此時取得的資料是否仍可作為訴訟上的證據？

對此，目前有實務見解認為相關資料仍可在訴訟上有證據能力（可參考臺灣臺中地方法院 107 年度訴字第 531 號判決）。但仍需強調，決策者在保護營業秘密的同時，不應只關注是否能完成蒐證，否則可能造成公司及決策者本身遭遇高度的訴訟風險。

3. 實務上建議：制定明確監控規範，並取得員工同意。

為了避免公司營業秘密外洩，以維持公司競爭力，適當的管理有其必要性，但為兼顧員工隱私權保障，建議雇主如要進行監控措施，應先進行以下程序：

· 進行資訊安全教育訓練與宣導。

· 制定資訊管理規範與政策（明文規範監控範圍）。

· 取得員工同意。

如此，相信能在確保營業秘密管理制度有效運作的同時，也能有效避免公司及決策者的法律風險。

02 懲員工也有可能違反營業秘密法

黃國銘｜寰瀛法律事務所策略長、主持律師

試想以下情形，公司會有什麼法律風險？

A 工程師從乙科技公司跳槽，到甲科技公司擔任類似職務。後來，乙公司發現 A 曾透過隨身碟非法下載乙公司的機密資訊，乙公司隨即向調查局提告，經搜索後，調查局發現該等機密資訊已於甲公司中所使用。

讀者可能會有一個直覺的想法是——這是員工 A 自己的不法行為，甲公司怎麼可能會有任何法律風險？

很遺憾，會，而且還可能有刑事責任，處罰的依據就是營業秘密法第 13 條之 4——法人之代表人、法人或自然人之代理人、受雇人或其他從業人員，因執行業務，犯第 13 條之 1、第 13 之 2 之罪者，除依該條規定處罰其行為人外，對該法人或自然人亦科該條之罰金。但法人之代表人或自然人對於犯罪之發生，已盡力為防止行為者，不在此限。

盡力防止員工洩密，不能紙上談兵

細心一點的讀者會發現，上面條文的後段有提到：「對於犯罪之發生，已盡力為防止行為，不在此限。」

這時，可能有公司會想：太好了，我們公司其實都有讓所有新進員工簽署聘僱合約，合約內更規定「乙方（即員工）不得將前雇主的機密資料，透露給甲方

▲聘僱合約、保密聲明，不能保證免除違反營業秘蜜的法律風險。

（即甲公司）或在工作中使用」。除此之外，我們公司還更慎重地讓新進員工再簽署另一份聲明書，需就以下類似問題「是否曾接觸或經手之機密資訊」，勾選「是」或「否」。都到這種程度了，公司應該能做的都做了吧？算是法條所說的「已盡力為防止行為」了吧？這時就算有新進員工真的拿前東家的機密來，也應該跟公司無關了？

遺憾的是，就算如此，公司可能還是得負責。如同智慧財產及商業法院 109 年度刑智上重訴字第 4 號判決理由提到：

所謂盡力為防止行為，並非僅要求一般性、抽象性之宣示性規範，而必須有積極、具體、有效之違法防止措施，方屬足夠。

聘僱契約書固然均有「乙方不得將其以前雇主之機密資料透露予甲方」之約定，然此僅為一般性、抽象性之宣示性規範，並非積極、具體、有效之防止行為。

被告受聘擔任職務，與曾擔任之職務相似，被告公司經營科技業已數十年，當然知道必須盡力避免來自競爭者員工違法使用營業祕密之可能性，惟被告於附件之聲明書「是否曾接觸或經手前任僱主營運、生產或銷售相關之機密資訊。」此一問題，竟均勾選為「否」，被告公司主管、法務單位及人資部門，竟全無任何質疑、詢問、確認，即予收存，就此等明顯有悖於事實之回答，被告公司全無後續管理動作，直接予以聘用，顯有悖於常理。

需從智慧財產權管理的角度出發

大家應該會感到困惑——有簽署聘僱契約，不夠，再寫問卷，還是可能不夠。公司到底應該怎麼做，在遇到不幸事件（有員工竊取前東家機密）時才能免責？

對於這點，有個大方向——必須從智慧財產權管理之角度出發，並就「營業祕密」這一個標的進行盤點與後續管理。

現今公司治理，相當強調企業必須進行風險管理，而違反營業祕密法的風險，即是風險的一環。企業必須了解此等風險不單單存在於員工「離職時」（有帶走機密資料的風險），若新進員工有攜帶前東家機密前來，公司也同樣會有違反營業祕密法的風險，不得不慎。

▲除了簽署聘僱契約、填寫問卷，須從智慧財產管理角度出，對「營業祕密」這一個標的進行盤點與後續管理，才能有效避免陷入法律風險。

03 營業祕密保護大作戰——認識風險篇

黃國銘｜寰瀛法律事務所策略長、主持律師

輔導企業進行營業祕密保護的教育訓練時，常發現，營業祕密外洩的風險真的挺高！

舉例來說，我們常會問：「請各位想像自己坐在辦公桌前，隨手拿一份文件到面前，問自己：這是我們公司的營業祕密嗎？」

若回答不出來，或沒把握，我會接著提點：「如果您都不清楚公司的營業祕密是什麼，簽訂保密條款有用嗎？工作規則就算有制訂員工的保密義務，似乎也沒多大意義？」

內部風險一：員工根本不了解公司的營業祕密是什麼

在司法實務上，洩密員工到了法院幾乎都表示——公司從來沒有跟我說過這份資料是營業祕密！部門主管還叫我把這份資料帶回家繼續加班，如果很重要，公司會讓我帶回家嗎？……等等看似狡辯，實際上卻會暴露公司保護不足的說法。

具體來說，公司常因下述理由而輸了官司：

甲公司因為 A 業務在離職後把客戶名單帶走，而對 A 提告，在偵查過程中，甲公司常會被挑戰——雖然公司有跟 A 簽訂保密契約，但保密條款屬於一般性用語，並不明確。簡單來說，公司既然沒有把客戶名單列入聘僱契約中保密條款範

▲員工離職也帶走客戶名單，是否違反營業秘密，端視聘僱契約是否有將之列入保密條款的文字中。

圍的文字內，員工是否有辦法透過簽訂聘僱合約，就能了解有保護「客戶名單」的義務？

另外，甲公司雖然有教育訓練，然而看了公司提供的教材與測驗題目，都是泛泛地條列基本概念，從頭到尾都沒有提到客戶名單是營業機密。而且這份客戶名單若是這麼重要，為何沒有在紙本文件上加印「機密」等類似文字的浮水印或上鎖，竟然連打掃阿姨經過同仁位置時也可以順手拿走？到了 A 業務離職時，如果這份文件這麼重要，為何沒有特別交接？

內部風險二：員工拿不該拿的東西跳槽，公司也會惹禍上身

舉例來說，A 工程師從乙公司跳槽到甲公司擔任類似的職務。後來，乙公司發現 A 曾透過隨身碟非法下載乙公司的機密。乙公司因為跟甲公司之間有高度競爭，除了會選擇向 A 提告外，也一併提告甲公司，此時甲公司須證明「對於犯罪的發生，已盡力為防止行為」才能免責。

至於免責的機率大嗎？——依據智慧財產及商業法院 109 年度刑智上重訴字第 4 號判決理由與標準，公司要全身而退，還真的不容易！（請參考本書第 OO 頁：〈原來應徵員工也有可能違反營業祕密法〉）

外部風險：委外管理

以下範例供大家想想，公司有沒有這樣的營業祕密風險：

(1) 供應商提供的材料，被發現有侵害他人的智財權，公司會不會連帶被告上法院？

(2) 公司委請代工廠製造商品，但該代工廠管理制度很差、員工保密意識不足。

(3)A 曾經與 B 共同研發，事後因故終止合作。後來 A 發現，研發部同仁竟然仍偷偷使用 B 在終止合作前提供的機密資訊進行研發。

由上可知，公司與外部供應者（包含供應商、外包廠商、合作研發對象、委託製造等）的合作，仍有許多公司本身無法掌控，而需仰賴外部供應商自身良好管理制度才能控制的風險。

營業祕密保護的關鍵步驟

以上列舉了公司可能面臨到的營業祕密內部風險與外部風險，讓某些尚未思考此類議題的公司，可以進行風險辨識。

接下來的步驟，則是進行風險的控制與制度管理。關於這點，涉及營業祕密保護的關鍵步驟：合理保護措施。

04 營業祕密保護大作戰——洩密手法篇

黃國銘｜寰瀛法律事務所策略長、主持律師

公司要保護營業祕密，首先需了解風險（問題點）在哪，才能對症下藥。繼上篇（認識風險篇）提到公司內部員工流動、與外部供應商合作可能產生的洩密風險，本篇從常見的洩密手法來了解風險。

在分析之前，請讀者先想一個問題——公司最重要的機密是什麼？什麼機密絕對不能讓競爭對手知道？什麼資訊我如果離職跳槽會很想帶走？

若已有答案（假設答案為 A 資訊），再繼續問自己：「A 機密現在主要放在公司哪個部門？研發部門？業務部門？其他？」

假設 A 資訊主要儲存在甲部門，接著問自己：「一、甲部門的同仁可否使用 USB 隨身碟等儲存裝置？二、可否使用照相手機？三、可否使用雲端硬碟？四、可否使用電子郵件夾帶附件？五、可否下載社群軟體、雲端 APP 等？六、可否攜帶私人筆記型電腦？七、可否隨意列印？八、甲部門可否隨意（或未經申請）讓客戶參觀？」

營業祕密保護，主要在防無心之過

上述八個問題（情景），都屬於司法實務上常見的洩密管道。但只有這八種嗎？當然不是，俗話說：「道高一尺、魔高一丈。」若遇到有心又聰明的人，絕對有無數種方法。這邊要提醒的是，營業祕密的保護，主要在於防止員工及供應商的無心之過。

▲辦公桌上文件隨意放置，同仁拿回家也沒有人在意，員工難以意識到這些文件就是機密。

以 A 資訊屬於機密文件為例，公司平常管理 A 文件的方式，根本無法讓員工知道 A 資訊就是機密。譬如公司平時都很不在乎 A 文件，A 文件上也沒有顯示機密等字樣，A 文件的電子檔案在系統上也沒控管，所有部門都可以接觸，A 文件的紙本也隨意放在同仁桌上（沒上鎖），同仁將 A 文件帶回家也沒有任何人在意，教育訓練雖然一直強調保密的重要，但從來沒有提到 A 文件屬於公司機密。

這樣的管理方式會造成——員工若無法清楚了解 A 文件就是公司機密，若有一天他要離職，或許能拿走的都拿走，只要公司沒有要求交回去（或沒有清楚交接）。

在這種情況下，到底是公司管理上的問題？還是員工的「故意」行為？還是根本就是員工的無心之過？似乎可想而知。

試想一下，上述八項常見的洩密手法，您的答案是肯定還是否定？如果上述的問題有任何一個答案是「肯定」的話，就存有洩密的風險！

杜絕洩密，從盤點營業祕密做起

或許會有人認為：管理公司沒那麼容易啊！如果對同仁管太細，不能用USB、不能列印、不能寄郵件，也不能帶回家加班，那為了不太知道未來會不會發生的風險，付出這麼多營運效率上的浪費（讓員工這麼麻煩），值得嗎？

首先，營業祕密保護的管理，從來就不需要做到一滴不漏，而且必須依據不同的產業、不同的公司文化，進行「客製化」、「合理化」的保護措施，同時必須兼顧制度的貫徹與營運效率的平衡！

以上大致介紹了公司內部風險（員工到職、在職、離職等階段）、公司外部風險（即外部供應商）及公司內部管制風險（即本篇簡短提到的洩密手法）。

現在請思考一個問題：導致上述風險的根本原因是什麼？是無法抵擋的人性？還是公司管理做半套導致同仁不清楚？

不同的原因會導致管理措施上的差異。無論是什麼原因，有一個關鍵的原因是——公司從來沒有徹底進行「營業祕密盤點」。

最後建議公司在認識這兩篇介紹的風險後，若有決心進行營業祕密的保護及管理，可以先從營業祕密的「盤點」做起。

▲營業祕密保護的管理，必須兼顧制度的貫徹與營運效率的平衡，可以先從營業祕密的「盤點」做起。

05 營業祕密保護大作戰——盤點篇

黃國銘｜寰瀛法律事務所策略長、主持律師

請先想一個問題：為何要盤點營業祕密？

企業若不進行盤點，將導致員工洩密的風險大增。若要盤點，就必須先知道什麼是營業祕密。不過，是否曾有以下疑問：應該只有科技業有營業祕密吧？應該只有研發部門有營業祕密吧？

我們來看看法院怎麼說：

營業祕密，須具有祕密性、經濟價值，營業祕密所有人已採取合理之保密措施，且可用於生產、銷售之資訊，始足當之。又企業內部之營業祕密，可以概分為「商業性營業祕密」及「技術性營業祕密」二大類型，前者主要包括企業的客戶名單、經銷據點、商品售價、進貨成本、交易底價、人事管理、成本分析等與經營相關的資訊，後者主要包括與特定產業研發或創新技術有關的機密，包括方法、技術、製程及配方等。[1]

每個部門都須參與盤點作業

看完法院的判決，可以大膽下一個結論：基本上，企業的「所有」部門都可

1 智慧財產及商業法院 108 年度民營訴字第 6 號判決參照。

能有營業祕密，因此盤點作業的進行，必須每一個部門都參與。

在正式盤點前，建議企業先進行：

主導團隊及成員的建立

團隊上，企業可以選擇設置營業祕密保護委員會（小組），也有企業透過公司治理委員會（小組）主導，端看企業組織上的彈性與效率。成員上，因為是盤點（智財權的）營業祕密，所以除了管理階層外，通常會有法務、智權、人資、稽核、IT 等部門人員。

為何需要這些部門？——因為智財制度的建立，本質上就與法務及智權單位相關；而相關政策、制度、文件、契約是否完整，也通常需要人資部門的協助。此外，在保護（機密的）措施設計與能力上，也少不了 IT 部門的參與；制度建置

▲企業可以選擇設置營業祕密保護委員會（小組），除了管理階層外，成員通常會有法務、智權、人資、稽核、IT 等部門人員。

完成後，需要對於制度「執行上」的觀察，這部分也要仰賴稽核部門。

教育訓練

企業若曾自行盤點過營業祕密，不知曾否有過以下疑問：許多部門同仁都沒有念法律，什麼叫做法律上的營業祕密也不太清楚，要怎麼盤點？做這些事情有意義嗎？自己的事情都忙不過來了，為何還要配合做這件額外的事情？管那麼多，乾脆不要做事了！反正也不知道配合做這些事有什麼意義，問卷就隨便填一填就好！……

因為可能有這些足以影響制度執行成敗的因素在，在進行盤點作業前的教育訓練，就顯得非常重要。教育訓練的內容必須著重幾點：

(1) 清楚向同仁表達「為什麼」我們要做這件事。

(2) 每位部門同仁都是成敗的關鍵，缺一不可。

(3) 透過實際的案例與故事，讓同仁簡單、易懂地瞭解營業祕密的基本概念與相關責任（切記，不要一直念法條，非常無聊，一定要透過問答與故事進行）。

(4) 盡量實體進行，而非線上訓練：線上教育訓練的效果遠低於實體訓練。

盤點後的清單，應按機密性高低分級管控

建立了主導團隊，並執行了教育訓練，盤點又應如何進行？

第一步，先請企業拿出內部的組織圖，確認部門的數量，然後一個部門都不漏地進行盤點（每個部門都可能有營業祕密，只是機密性的高低程度不同而已）。

第二步，主導團隊實際進行盤點時，常常會透過訪談的形式進行。在訪談過程中，可能同仁仍然不了解營業祕密的概念。為了讓彼此聚焦，訪談者可以繼續用簡單的問題開場，並且讓同仁了解營業祕密的概念。

譬如我常問同仁：「您（公司）最怕哪些資料被競爭對手拿走？」

「若有一天要跳槽，最想拿什麼資料離開（才能談個好待遇／或以後可能用得到）？」

最後，盤點作業結束後，會有營業祕密清單的產生。盤點出來的營業祕密，因為機密性高低程度有異，自然需要設計不同的管理（保護）措施。因此，在盤點之後，將進入下一個重要的階段：營業祕密的保護措施如何設計？

關於此部分，請先思考以下問題：

(1) 合理保護措施的真正意涵是什麼？什麼叫做「合理」？把網路上找到的保護措施抄一抄就好？不用管業務會不會受到影響？

(2) 目的是？要求滴水不漏，還是重點應該擺在提醒員工？

有關員工洩密風險的詳細介紹，可參見本書第〇〇頁〈營業祕密保護大作戰——認識風險篇〉、第〇〇頁〈營業祕密保護大作戰——洩密手法篇〉、第〇〇頁〈原來應徵員工也有可能違反營業祕密法〉等篇章。

06 營業祕密保護大作戰——合理保護措施之基礎篇

黃國銘｜寰瀛法律事務所策略長、主持律師

在營業祕密司法實務上，常見許多被告會這麼辯解：

我在公司十幾年了，公司從來沒有跟我說過這些資料是營業祕密！主管還叫我一定要把資料帶回家加班，隔天早上交給他。如果很重要，會讓我帶回家嗎？這些資料如果真的那麼重要，應該會上鎖吧？怎麼會隨便放在桌上？公司竟然還跟我求償一億元，請問你會把價值一億元的東西隨便放嗎？……等等。

聽完這些說詞，或許身為公司管理階層的朋友會有點生氣，但這時反而應該藉此機會好好想想——這些心聲，是不是普遍存在於公司其他員工或部門？未來要如何防範類似案例再發生？

再回頭看看上述被告的說詞，想想：

(1) 被告這樣的說詞，是否真能說服法院？

(2) 如果可以，代表公司的提告不成功，那麼，該如何避免這樣的問題再度發生？

營業機密的致命問題

針對第一個問題，筆者分享以下經驗：被告透過簡短的幾句話，卻能對公司形成極大的挑戰。

首先，檢調對於被告能夠拿走公司所謂的機密這點，會先質疑公司在營業祕密的保護不足夠，否則怎麼會被輕易拿走。

其次，由於告訴人（被害人）在營業祕密案件上必須提出「營業祕密釋明事項表」，而此事項表所示保護營業祕密的「方法」及「措施」等欄位，所列出的每一項問題，都會接連地挑戰公司的管理是否足夠。

舉例來說（假設所涉及的營業祕密是行銷企劃），檢調可能會問公司以下問題：

(1) 既然你認為這份企劃這麼重要，為何會被輕易拿走？

(2) 為何我看你的保密協議，看起來就像是定型化契約，只是把營業祕密法第 2 條的文字複製貼上到保密範圍的約定裡而已，實際上，保密範圍的文字中壓根沒有提到行銷企劃啊？（這樣員工怎有可能透過簽署保密協議就能瞭解行銷企劃屬於公司的營業祕密？）

(3) 既然這份企劃你認為是機密，為何企劃的紙本沒有歸檔，而且隨便放？（難道你會把價值一億的東西也隨便放嗎？）

(4) 既然這份行銷企劃這麼重要，為何教育訓練都只是說保密有多麼重要，但不管是講課內容或是教材本身，也都沒有提到行銷企劃應該屬於保密的一環？

(5) 為何相關員工離職交接時，沒有特別交接此一部份？

若公司無法招架以上種種質疑，那麼被告在法庭的簡單一句話，對公司的確殺傷力很大！

合理保護措施：做好「提醒」

再回到第二個問題，公司要如何防範未然？筆者的看法是：所謂合理保護措施的真義，其實就是「提醒」（員工不要亂來）。

延續前面檢調質疑的邏輯，如果公司能做好以下的提醒：

(1) 盤點營業祕密，並將盤點後的清單，客製化於保密協議的保密範圍約定中（透過此約定去「提醒」員工，行銷企劃屬公司的營業祕密）。

(2) 將紙本上鎖、電子檔所屬資料夾進行權限控管（透過此措施去「提醒」員工這裡面的資料一定很重要）。

(3) 在紙本上印上「機密」或類似字樣的浮水印（「提醒」員工這是機密）。

(4) 在教育訓練的教材或實際授課內容中，除了提醒保密的重要外，再額外特別「提醒」盤點後的機密大致上是哪些。

(5) 離職交接時，透過口頭或書面「提醒」員工不能攜離盤點清單內的機密。公司若能透過一而再、再而三「提醒」，其實就是「合理保護措施」的真義。

合理保護措施並不要求滴水不漏，而是要顧及公司自身的產業、公司內部文化，並衡量財力、人力、物力等資源，且兼顧公司營運目標後，進行「客製化」的「合理」保護措施。

智財管理之道首重找到痛點

公司若真心想要進行營業祕密的管理，千萬不要一股腦將網路上找到的營業祕密保護措施範例，全數複製到公司的政策裡，這樣一來，將有窒礙難行，甚至影響公司營運效率的可能。

進行營業祕密管理，無須一步登天，而是要循序漸進，重點是公司要去思考自己的痛點在哪？是來自員工？公司？供應商？客戶？再對症下藥，如此才是有效率的智財管理之道！

營業秘密的合理保護措施

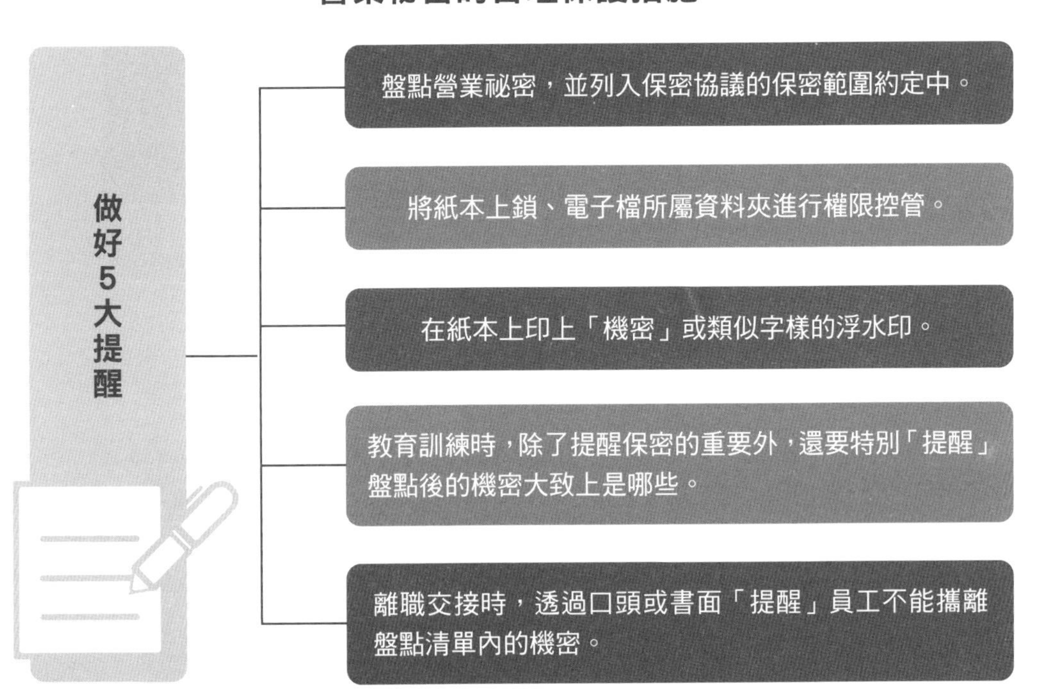

07 營業祕密保護大作戰——合理保護措施之到職篇

黃國銘｜寰瀛法律事務所策略長、主持律師

經過〈營業祕密保護大作戰——合理保護措施基礎篇〉的介紹，「合理保護措施」的精神就在「提醒」。提醒什麼？——提醒員工這份資料很重要；提醒員工不要亂拿走這份文件；並提醒離職時記得交回等等。

或許會有企業認為之所以想做「合理保護措施」，就是要 100% 防護營業祕密不外洩，但在筆者多年承辦經濟、智財犯罪的經驗裡，只要行為人有心，似乎沒有拿不走的資料。因此還是要再強調一次，營業祕密的「合理保護措施」，重在「提醒」，至於具體保護措施的寬或嚴，仍須依照企業各自的人力、財力、物力而定。

「三階段」建立或檢視的保護措施

那麼，企業要如何提醒？——提供一個簡單、好記的建議：以「三階段」建立或檢視公司的保護措施，也就是針對員工「到職時」、「在職時」及「離職時」等不同階段管理。

再次提醒，每一階段可以建立（模仿）的保護措施很多，請企業無須一開始就要求 100 分，應該依照自身的內部文化（對此議題的重視程度）、部門間協調性、人力、財力、資源等循序漸進。

到職時的保護措施

接著，員工「到職時」的合理保護措施，網路上有許多可以搜尋、模仿的範例，但就此階段，企業至少須留意以下兩件事：

1. 聘僱合約（的保密條款）或保密協議書的「保密範圍『客製化』」

就此部分，先問讀者一個問題，「我知道保密很重要」跟「我知道這份資料是營業祕密」，這兩個概念是一樣的嗎？「人不可以洩密」或「人需要保密」，不是普遍應具備的觀念嗎？需要簽署保密協議才能知道嗎？

所以保密協議的約定重點，應該是企業應先盤點自身有哪些營業祕密（生成清單）後，再將清單中營業祕密的大致「名稱」或「範圍」納入保密條款之中，才會有提醒員工的效果。可惜目前仍常見許多企業的保密條款，只是將營業祕密法第 2 條對於營業祕密的定義文字，原封不動地複製到自己的保密條款之中，根本沒有一點提醒的效果。簡單來說，根本不算是合理的保護措施。

2. 了解新進員工既有智財與義務

這部分有什麼重要？請大家想想以下例子裡甲公司有沒有責任？

A 工程師從乙公司跳槽到甲公司擔任類似的職務。後來乙公司發現 A 曾透過隨身碟非法下載乙公司的機密資訊，乙公司隨即向調查局提告，經搜索後，調查局發現該等機密資訊已經於甲公司中所使用。

依據營業祕密法第 13 條之 4 ——法人之代表人、法人或自然人之代理人、受雇人或其他從業人員，因執行業務，犯第 13 條之 1、第 13 條之 2 之罪者，除依該條規定處罰其行為人外，對該法人或自然人亦科該條之罰金。但法人之代表人或自然人對於犯罪之發生，已盡力為防止行為者，不在此限。

回到這個案例，甲公司若未能盡力防止新進員工 A 有侵害他人營業祕密的話，也可能因此產生刑事責任。所以，就此部分，建議企業可以讓新進員工填寫類似「智財義務調查表」等表單，以免將來潛在的風險發生。

08 營業秘密保護大作戰——合理保護措施之在職篇

黃國銘｜寰瀛法律事務所策略長、主持律師

之前的文章〈營業秘密保護大作戰——合理保護措施基礎篇〉提到：

營業秘密的「合理保護措施」並不是隨意地去搜尋網路資料，然後複製貼上就好，它真正的重點在於「提醒」員工這份資料很重要；提醒員工不要亂拿；提醒員工離職時記得繳回等。

至於「提醒」的力道要多大（具體保護措施寬嚴），則須依照企業自己的文化（包含法遵意識、員工素質等）、人力、財力、物力等因素而進行客製化。

制訂「三階段」保護措施

企業在進行客製化設計（合理保護措施）時，可以透過「三階段保護」，比較不會掛一漏萬，可區分為「到職時」、「在職時」、「離職後」三階段。關於到職時之合理保護措施，已於前文〈營業秘密保護大作戰——合理保護措施之到職篇〉詳細介紹，本文將說明員工「在職」階段的重點提醒。

在此之前，知己知彼，百戰不殆，還是要先了解洩密員工到法院後通常會有的答辯，才能對症下藥。常見的有：

「我進來公司十幾年了，從來都不知道『這份資料』很重要，『這份資料』平常就隨便亂擺、也沒上鎖，同仁也可以隨意拿回家，這樣足以讓員工知道很重要嗎？」

「『這份資料』雖然有電子檔案，但是放在公用資料夾，公司任何一個部門都可以進去看，這樣的資料很重要？」

「公司說有進行教育訓練，但請檢察官仔細去檢視公司提供的教育訓練題目跟教材，從頭到尾都只是強調『保密很重要』，但都沒有提到『這份資料』的屬性是公司的營業秘密；我不會否認保密很重要，但我跟檢察官說明的重點是：我不知道『這份資料』是公司秘密呀！」

針對四方面，設計機密管制措施

了解完常見的被告說法後，企業是否有想到如何破解？如果進行合理保護措施，該如何設計？就此「在職」階段，請企業至少留意以下事項（相關內容，讀者亦可參考台灣智慧財產管理規範 2016 年版本之相關條文）：

首先，在公司內部，請就以下四方面，設計適當之機密管制措施：

1. 人員管制

界定有接觸組織相關機密之人員，並設定不同機密等級之接觸權限（Need to Know 原則）。

2. 設備管制

對容易流失組織機密與重要文件之設備，管制使用之人員、目的、方式與資料之流通。具體來說，請公司特別留意得以接觸機密之人員的智慧型手機、隨身碟、硬碟、筆記型電腦等設備的使用方式，並考慮就該等設備建立員工使用規則。

3. 機密文件管制

對足以影響組織智財相關權益的文件，設定文件機密等級、保密期限，以及傳遞、保存及銷毀等處理流程。請特別留意，不管是紙本或電子檔案都要管制，而在該等檔案之處理上，許多企業都僅注意到「傳遞」與「保存」，而忽略了「銷毀」程序。

4. 環境設施管制

提供管制機密文件取用之設施，界定管制區域與規劃管制措施，包括門禁管制、客戶及參觀人員活動範圍。

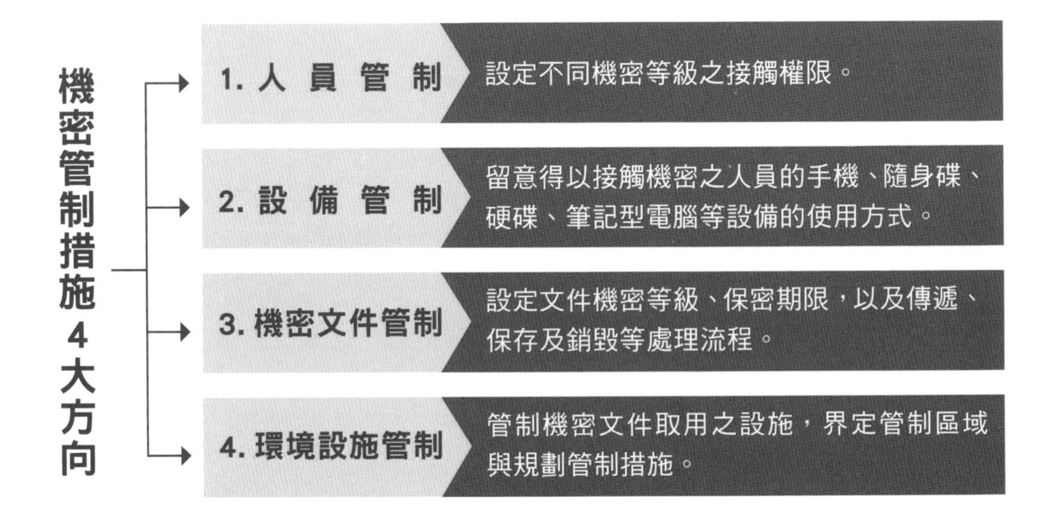

留意委外作業，循序漸進設計智財管理

在公司對外方面，則請公司要留意與智財管理事務之委外作業：

(1) 與供應商或客戶間，若處理事務涉及我方之營業秘密，則務必在簽約時，明訂保密要求及相關智慧財產權之權利歸屬。

(2) 必要時，公司亦可制訂對該外部供應者的品質要求與遴選準則，也可考慮將此等要求或準則重要事項，設計入合約內容。

▲對於得以接觸機密之人員的智慧型手機、隨身碟、硬碟、筆記型電腦等設備，應建立員工使用規則。

最後，再度強調，公司千萬不要一股腦地將網路上找到的營業秘密保護措施範例，無一遺漏地複製，這樣一來，將可能影響公司營運效率。進行營業秘密管理，無須一步登天，而是要循序漸進，同時思考有無需優先解決的痛點，並依照企業自身的文化、人力、財力、物力進行客製化設計，如此才是有效率的智財管理之道。

09 營業秘密保護大作戰——合理保護措施之離職篇

黃國銘｜寰瀛法律事務所策略長、主持律師

企業要做好營業秘密合理保護措施，並不是隨意去複製網路的資料再貼上就可以交差了事，這樣會輕重失衡，也就是為了保護無風險或低風險之事項，而影響企業業務推展之效率或造成麻煩。

企業必須針對自身已發生的事件、潛在可能的事件、自身法遵文化（如員工知識等）、所能及願意負擔的人力、財力等因素，進行與營業效率間之衡量，才能真正的對症下藥。其中，針對企業可能沒有意識到卻常見的潛在風險，可以從司法案例加以觀察。

離職後被告洩漏營業秘密

由於本文主要介紹合理保護措施的離職篇，就此部分，常見的被告有以下説詞：

「我在公司的時候，不論是在職時或離職後，公司都沒有人跟我説這個是營業秘密！」

「我離職的時候，該交接的都已經交接了，不然請公司看看交接相關文件。」

「我離職的時候，公司並沒有透過任何口頭或書面的方式，跟我説要刪除檔案。」

「我當時會在提出離職申請後還下載這些檔案，是因為離職還沒有生效，我還是要繼續工作。」

「我都已經離職這麼久，為什麼離職後還有保密義務？」

看完這些被告説詞，身為企業管理階層的朋友，可有想到癥結點在哪裡？

看起來有——員工不清楚公司的營業秘密檔案有哪些，也因此交接時沒有特別留意，交接不確實、離職程序不夠完整等問題。接下來，將提出解決這些問題的相關建議作法，也就是合理保護措施。

一般員工離職時的機密保護措施

但在説明前，仍請企業留意，合理保護措施要能順利執行，有一個非常重要的前提是——公司必須先進行營業秘密的「盤點」。

▲「我離職的時候，公司並沒有透過任何口頭或書面的方式，跟我説要刪除檔案。」是許多離職員工被告後的説詞。

因為若無盤點，則在貫徹相關合理保護措施時，員工還是不會知道重點在哪，也因此有規定某程度等於沒有規定。此部分詳細說明，請參考本書第〇〇頁「營業秘密保護大作戰─盤點篇」）。

在盤點作業完成後，針對「離職時」相關合理保護措施之建議如下（亦可另行參考台灣智慧財產管理規範 2016 年版本相關條文）：

首先，組織應對離職員工提醒相關智財規定——企業應對「所有」要離職的員工，在離職程序之相關文件中（譬如員工離職申請單、離職應辦手續表、離職人員面談紀錄表等），提醒譬如智財之歸屬、保密義務、相關檔案應刪除、銷毀之義務等規定。

此外，企業亦應確實執行交接之工作。有些企業可能員工持有上百個檔案，但後手卻不確實清點，部門主管也未特別叮嚀。

涉及組織重要智財之員工離職時的機密保護措施

其次，涉及組織重要智財之員工離職時，應進行面談。簡單來說，針對「所有」的離職員工，或許僅需透過「書面」之提醒即可，但針對「涉及組織重要智財之員工」，除了「書面」以外，最好還要有另外的「面談」。

在這邊，出現了一個問題：什麼是「涉及組織重要智財之員工」？

具體來說，公司在盤點營業秘密後，會有一份營業秘密盤點清單（通常這份清單會就營業秘密之機密性進行分級、分類），此時，公司依據 Need to Know 原則，就能夠知道，哪些部門與哪些職級的員工在職務上必須且能接觸，而這些員工就是屬於「涉及組織重要智財之員工」。

為何針對這些員工必須多做一個「面談」的程序？

▲若是涉及組織重要智財的員工要離職，除了「書面」以外，還要有另外的「面談」。

依承辦營業秘密案件的經驗，多數員工常常因為公司的聘僱合約或保密合約對於保密範圍的特定不確實、營業秘密相關檔案的保護不確實、教育訓練不確實等因素，而內心其實根本不知道到底哪些資訊是公司的營業秘密，但這樣心裡的不確定，若能在其離職時，再次提醒，這些員工就會比較謹慎處理手上的相關檔案，若有疑問，也會因為面談的提醒，而有機會提問。

企業也可以考慮，在必要時，得與員工簽定離職契約，以約定特定智財之權利歸屬、特定之保密要求及競業禁止要求。

重要員工離職後的機密保護措施

最後，常常有企業會詢問：「這個員工對公司很重要，而且他了解公司很多機密，現在他要離開了，我又忘了跟他簽署競業禁止，這時要不要發函給這位員工的新東家，提醒他們不要亂來？」

針對這個問題，建議企業在必要時，可以在員工離職後，若任職於競爭對手並從事相同或類似之工作，再次提醒該名員工其所負義務，或將其義務告知新任職組織。

CHAPTER 4

第四章
金融管理

01 淺談虛擬貨幣平台的適用性問題

郭維翰｜寰瀛法律事務所合夥律師／前新竹地檢署檢察官

新聞報導台灣某加密貨幣平台負責人疑似涉及違法吸金，經法院認為犯罪嫌疑重大且有逃亡、滅證及勾串的可能性，裁定羈押禁見。一時間業界風聲鶴唳，紛紛擔憂司法實務是否改變見解，對於虛擬貨幣的業務適法性改為採取嚴格審查？

事實上，參考實務歷來見解，可以得知實務見解基本連貫一致，業界的疑慮應是對法條文義解釋的誤解，以及未深究過往實務見解所導致。

已訂定法條規定

按銀行法規定如下：

第 29 條第 1 項——除法律另有規定者外，非銀行不得經營收受存款、受託經理信託資金、公眾財產或辦理國內外匯兌業務。

第 29 條之 1 ——以借款、收受投資、使加入為股東或其他名義，向多數人或不特定之人收受款項或吸收資金，而約定或給付與本金顯不相當之紅利、利息、股息或其他報酬者，以收受存款論。

第 125 條第 1 項——違反第 29 條第 1 項規定者，處 3 年以上、10 年以下有期徒刑，得併科新臺幣 1 千萬元以上、2 億元以下罰金。其因犯罪獲取之財物或財產上利益達新臺幣 1 億元以上者，處 7 年以上有期徒刑，得併科新臺幣 2 千 5 百萬元以上、5 億元以下罰金。

換言之，平台業者向多數人或不特定人士收受款項或吸收資金，而約定或給付與本金顯然不相當的紅利、利息、股息或其他報酬者，即可能被認定是收受存款的行為，若該平台業者並非銀行或經法律特別授權者，自然就有受到銀行法第 125 條第 1 項處罰的可能。

法條中的「款項」涵蓋虛擬貨幣

過往，有業者認為「虛擬貨幣」不是「法定貨幣」，不應該是銀行法所稱的「款項」或「資金」，所以自認為虛擬貨幣業務不會有銀行法的適用，但是銀行法第 125 條在民國 108 年 4 月 17 日的修正理由特別說明了：「一、近年來，違法吸金案件層出不窮，犯罪手法也推陳出新，例如透過民間互助會違法吸金，訴求高額獲利，或者控股公司以顧問費、老鼠會拉下線，虛擬遊戲代幣、虛擬貨幣『霹克幣』、『暗黑幣』等，或以高利息（龐氏騙局）與辦講座為名，或者以保本保息、保證獲利、投資穩賺不賠等話術，推銷受益契約，吸金規模動輒數十億，對於受害人損失慘重……。」

顯見立法者在當時就認為，違法吸金案件以訴求高額獲利，或以虛擬遊戲代幣、虛擬貨幣等，推銷受益契約，隨吸金規模愈大，影響社會金融秩序就愈重大，都是該條約試圖規範處罰的對象。

因此銀行法所說的收受「款項」或吸收「資金」，或約定「返還本金或給付相當或高於本金」，該款項、資金、本金的流動、付還，並不以實體現金幣別直接交付方式為必要，以虛擬遊戲代幣、虛擬貨幣等取代也可成立。

綜上觀之，法律條文的用語艱澀、窒礙，可能難以避免，甚至有時必須參考立法理由、主管機關解釋才能一窺全貌，建議事業經營者還是要詳細理解，以免因誤解法令而受罰。

02 第三方支付和電子支付的合縱連橫

蘇佑倫｜寰瀛法律事務所資深合夥律師
謝騏安｜寰瀛法律事務所律師

2023 年 10 月 1 日起，國人經常使用的通訊、支付 App —— LINE 的公司名稱已改名為「LY Corporation」。緊接著，大家可能會注意到「LY Corporation」官方帳號的服務供應商名稱會隨著改變，如 LINE TODAY、LINE FRIENDS、LINE VOOM、LINE 熱點等，但可能不會注意到的是，不論是過去的 LINE，或現在的 LY Corporation，所提供的「支付服務」，到底是「電子支付」，還是「第三方支付」？

多數民眾對「LINE Pay」或「街口」的認知，都是用來付款或是轉帳給朋友的工具，可能不會特別去了解哪個是「第三方支付」，哪個是「電子支付」，又或是兩種支付有什麼差別。實際上，這兩種支付在法律管制上有著重大的不同。

電子支付是特許行業，受金管會監理

所謂的「電子支付」為特許行業，必須取得金管會的許可。依據電子支付機構管理條例第 4 條第 1 項、第 2 項，「電子支付機構」可經營的業務包括：代理收付實質交易款項、收受儲值款項、辦理國內外小額匯兌、辦理與前三項業務有關之買賣外國貨幣，及大陸地區、香港或澳門發行之貨幣，以及主管機關許可得經營之附隨及衍生業務等。

目前電子支付機構除了由金融機構兼營之外，專營者包括：街口支付、一卡通 Money、悠遊付、icash Pay、全盈 +PAY、全支付、橘子支付、歐付寶及簡單付等。

第三方支付僅需向經濟部辦理公司登記

另一方面，依據電子支付機構管理條例第 5 條，與電子支付機構管理條例第 5 條第 2 項授權規定事項辦法第 3 款規定，若只提供「代收代付金流服務」，而且所保管代理收付款項「一年日平均餘額未超過新臺幣 20 億元」時，不需要取得金管會許可。此種類型的「代收代付金流服務」即屬「第三方支付」。

由於「第三方支付」並非特許行業，不受金管會管轄，僅需向經濟部辦理公司登記即可經營「第三方支付」業務。目前台灣已有 6,000 多家以上的第三方支付平台，包含「Pi 拍錢包」、「PayPal」，以及改名為 LY Corporation 所提供的「LINE Pay」。

電子支付、第三方支付的分別

項目	電子支付	第三方支付
主管機關	金管會	經濟部（僅需辦理公司登記）
辦理業務	• 收付實質交易款項 • 收受儲值款項 • 辦理國內外小額匯兌 • 辦理與上述業務有關之買賣外國貨幣 • 辦理大陸地區、香港或澳門發行之貨幣 • 辦理主管機關許可得經營之附隨及衍生業務	• 只提供「代收代付金流服務」。 • 而且所保管代理收付款項「一年日平均餘額未超過新臺幣20億元」。
機構	• 金融機構兼營 • 專營機構：街口支付、一卡通 Money、悠遊付、icash Pay、全盈 +PAY、全支付、橘子支付、歐付寶及簡單付	• Pi 拍錢包、PayPal，以及改名為 LY Corporation 所提供的「LINE Pay」等，計6,000家以上。

電子支付、第三方支付的功能整合

「電子支付機構」可提供的服務種類較多，包含收代付、儲值金額、轉帳以及辦理國內外小額匯兌等業務，但會受到金管會的監理及金融檢查，因此在資安、個資、防制洗錢、消費者保護的控管上，都有較高密度的法律管制。

相對地，「第三方支付」業者雖然僅能提供「代收代付金流服務」，且有金額上限，但因為不需要取得金管會的許可執照，所受到的金融管制與檢查也相對較為寬鬆。

第三方支付業者也可以透過與電子支付機構合作，在自己的平台上同時提供「代收代付」與「儲值、轉帳」功能。例如「LY Corporation」透過入股電子支付機構即一卡通票證公司，將「儲值、轉帳」功能整合至 App 中，讓使用者可以利用 LINE Pay 向合作店家付款購買商品（第三方支付），也可以透過 IPASS MONEY 的電子支付服務功能，在 App 錢包中儲值，或是把錢轉帳給幫忙先出晚餐費用的好友。

第三方支付相關法規陸續實施

基本上，一般使用者通常不會太在意「電子支付」與「第三方支付」的異同。

自 2023 年 1 月 1 日起，數位發展部施行「第三方支付服務業防制洗錢及打擊資恐辦法」，規定第三方支付業者應確認賣家身分，及賣家使用第三方支付業者提供之金流服務應合規辦理等，就是為了避免有心人士利用監管程度較低的第三方支付服務進行違法行為，例如詐騙集團、仿冒品販售者，可能透過虛設大量人頭與第三方支付公司簽約，藉此利用代收代付的過程，將贓款透過「合法平台」層層轉手，創造金流斷點，以大幅增加司法追緝的困難度等。

▲用支付 APP，已蔚為流行。如何在給予業者營運彈性空間，又兼顧金融消費者利益與整體金融市場的安全性，數位部正步執行監理法規。

數位部更於 2023 年 7 月底實施「第三方支付服務機構服務能量登錄機制」，鼓勵第三方支付服務機構提供其洗錢防制法遵聲明書進行登錄，並由數位部產業署協助介接洗錢防制相關法遵資源和工具。未來若未辦理上開能量登錄之第三方支付業者，可能被銀行認定為洗錢防制的高風險業者，而面臨終止帳戶服務之後果。

上述對於「第三方支付」的監理法規正在逐步執行，希望能在給予業者營運彈性空間的同時，兼顧金融消費者利益與整體金融市場的安全性。

03 數位經濟對市場界定之革新

謝佳穎｜寰瀛法律事務助理合夥律師

任何型態的競爭分析勢必由界定相關市場出發，所以在反托拉斯法的案件中，市場界定的範圍大小往往成為兵家必爭之地，在技術或產業快速變化的市場中更是如此。

公平交易委員會曾於 104 年訂定「公平交易委員會對於相關市場界定之處理原則」，而近年來數位平台經濟興起，為使案件審理中市場界定的標準能與國際潮流接軌，公平會先於 111 年 12 月公布「數位經濟競爭政策白皮書」，就數位經濟涉及多邊市場環境下，傳統市場界定面臨「相關市場界定的數目」及「相關市場範圍不明確」等議題，提出相關市場界定的執法立場與方向，並據以修正上述處理原則。

修正後的處理原則已於 112 年 11 月 22 日發布施行，其重要內容如下：

增訂多邊市場及間接網路效應的名詞定義 [1]

多為單邊市場結構的傳統市場，已逐漸由雙邊或多邊市場結構的數位平台經濟所取代。考量多邊市場通常具有存在二群不同的使用者、跨群組的網路效應、不對稱的價格結構等特徵，新增相關名詞定義。

舉例而言，如二個以上經濟群體的使用者（例如信用卡的持有者及特約商

[1] 修正規定第 2 點

▲現今交易幾乎都要使用信用卡。

家），透過平台（例如信用卡）來完成彼此間的交易，即構成「多邊市場結構」；又倘若某一經濟群體使用該平台的意願，除了取決於平台的服務品質與價格等因素，也與可互動的其他群體參與程度有關，即為「間接網路效應」，如當某信用卡的持卡人愈多，該信用卡對商家就愈有價值，即為適例。

增修多邊市場結構下市場界定的考量因素 [2]

1. **價格結構**：多邊市場具有「不對稱的價格結構」特性，事業面對平台上不同的用戶群體，可訂定不同的價格（固定費、使用費）。

[2] 修正規定第 4 點、第 5 點

2. **對交易行為之影響**：交易相對人於考量產品特性、用途等各項因素後，對於其交易行為造成的影響。

3. **產品技術、規格或標準所形成的相容性或互補性**：由於部分產品可能因其產品技術、規格或標準的相容性而具有互補關係或排他性，進而形成具有相互關連性的「主產品」與「次產品」，產品間亦可能進一步形成相互「搭售」、「後市場」或形成「數位生態系統」的情形。

4. **多邊市場結構下，平台業者之經營模式、用戶群體間的交易關係與間接網路效應**：多邊平台的相關市場界定，可就產品的合理可替代性進行分析，因此可考量平台所提供相關產品或服務的不同性質差異，以及用戶群體間的交易關係或間接網路效應強弱程度等。

5. **相關法規或行政規則對市場競爭的影響**：相關市場界定著重於相關法規或行政規則就相關產品或服務的內容、替代性與市場進入障礙等市場競爭情形產生的影響。

6. **產品所在區域使用語言與在地文化**：地理市場界定也會考量產品所在區域使用語言、在地文化、社群關係、連線頻寬、售後服務等因素；且在數位經濟下，消費者可輕易透過電信與網路等方式進行線上消費，其影響傳統實體店鋪的區域替代，並淡化地理邊界，事業產品所涉地理市場範圍，即需綜合考量數位經濟對於地理區域的替代關係，及不同區域間產品購買轉換情形等因素的影響。

對假設性獨占者檢測法進行修正[3]

假設性獨占者檢測法原本是以產品價格進行分析，惟在數位平台多邊市場環

[3] 修正規定第 9 點

▲數位時代，消費者可輕易透過電信與網路等方式進行線上消費。

境下，事業可能考量間接網路效應，訂定不對稱的價格結構，使部分產品的價格為「零」，如此一來便無法再以產品價格變化進行分析。

考量當產品價格為「零」時，廠商以換取用戶資訊與注意力等方式來獲取利潤，新增可改以產品品質（例如滿意度）或用戶訊息成本（客戶為使用免費的商品或服務所需要提供的個人隱私資料）、專注成本（客戶在使用零價格商品或服務期間所出現影響專注的廣告）的變化，所引起產品替代及利潤變化的情形來界定相關市場。

CHAPTER 5

第五章
勞動權益

01 美國「離職後競業禁止約款」將邁入終點？

何宗霖｜寰瀛法律事務所合夥律師
黃子豪｜寰瀛法律事務所律師

「離職後競業禁止約款」是指約定員工於離職後，不能從事與原雇主相競爭的工作，通常是雇主基於保護其企業競爭力，或營業秘密等目的而要求員工簽定，世界各國對此多以法規限制此種約定合理有效的範圍。

美國聯邦貿易委員會（Federal Trade Commission, FTC）卻在 2024 年 4 月 23 日通過了一項新規定——禁止雇主對包括高階主管在內的員工簽訂新的競業禁止約款，且新規定實施後除了年薪超過 15 萬 1,164 美元的高階員工外，原本已簽訂的競業禁止約款也將變得不可執行。

此項新規定的通過，將可能改變美國原本勞動市場競爭與人才流動的情形。

新規有助保障工作權與職業自由

FTC 指出——美國約有 3,000 萬人受到離職後競業禁止約款的限制，在此種約款的普遍使用下，經常導致勞工遭受剝削，例如被迫於離職後必須承擔高額賠償責任、搬離原工作地區，或是接受待遇較差的工作等後果。而此新規定不僅提高對工作權和職業自由的保障，也可改善勞工離職後的經濟狀況，並且有助於新創產業發展。

FTC 更進一步認為——雇主仍可善用保密條款管理營業秘密，或是提高工資及改善工作條件來留住人才，不必仰賴離職後競業禁止約款。新規定於聯邦公報公布後 120 日生效，並適用於美國大部分的雇主，僅有少數例外。此新規定的通過也引起一些商業團體的反彈，並已提起訴訟主張，對此美國德州北區聯邦地區法院（U.S. District Court for the Northern District of Texas）已於 2024 年 8 月 20 日認定 FTC 並無權限發布此項新規定，並禁止其於全國生效。不過，本案尚有上訴可能，後續發展仍待關注。

我國勞基法尚有釐清補充空間

在臺灣，離職後競業禁止約款長年以來也被各行各業廣泛使用，並引發許多爭議。我國勞基法遂於 2015 年增訂第 9 條之 1 規定，明訂雇主須與勞工以書面約定離職後的競業禁止約款，禁止年限不能超過兩年，且須須符合四個要件：

- 雇主有應受保護的正當營業利益。
- 勞工擔任之職位或業務能接觸或使用雇主之營業秘密。
- 競業禁止之限制情形未逾越合理範疇。
- 雇主對勞工不從事競業禁止行為提供合理補償。

勞基法雖明訂離職後競業禁止約定內容有效性要件，但條文中仍然涉及一些不易判斷的抽象概念，例如正當營業利益、合理範疇、合理補償等，即使透過勞基法施行細則的規定給予補充，實務上關於離職競業禁止約定所衍生的爭議依舊層出不窮。

如同美國 FTC 制定新規定的考量，離職後競業禁止約定雖可能有助於保護原雇主的競爭力或營業秘密，但也可能不當侵害勞工權益，甚至會影響企業追求優秀人才或發展創新的機會。

面對日益全球化和創新科技發展的趨勢，關於離職後競業禁止的制度設計如何平衡企業的商業利益和勞工權益，以促進勞動市場公平競爭和產業發展，避免勞動市場過度集中，應是值得思考的問題。另一方面，從美國新規定的發展觀察，無論是否與員工簽定離職後競業禁止約款，對雇主而言，如何正確有效地管理營業秘密並吸引優秀人才，都是應該審慎面對的課題。

02 員工可以想離職就離職？

何宗霖｜寰瀛法律事務所合夥律師／前桃園地方法院法官

每逢歲末年終，不少勞工會開始考慮是否轉換職涯規劃，再加上新冠肺炎疫情逐漸趨緩，我國也漸漸跟上世界各國的腳步走向開放，百工百業引頸期盼的正常生活已然到來。

根據人力銀行網站統計，近八成（79.8%）的上班族在國門「邊境解封」後，會有「找工作的計畫」，更有超過五成（55.2%）的人表示其實「已經開始尋找」。不可否認，「跳槽」是勞工追求高薪的捷徑之一，然而勞工在離職時也必須要注意相關程序，以免有了「好薪情」，卻不慎惹上勞資糾紛而壞了「好心情」。

應留意勞基法的預告期間

勞動基準法規定勞工自請離職前須向雇主「預告」，依勞工的工作年資分別有 10 天、20 天、30 天的「預告期間」（到職 3 個月內離職可無庸提前預告），讓企業有足夠時間因應人力變動、安排交接或招募新員工。

勞基法並未規定須以何種方式預告離職，只建議留下書面紀錄，如電子郵件、簽呈、通訊軟體訊息等，避免只有口頭告知，勞工無法證明提出離職的確切時間。

雖然未遵守預告期間的自請離職不會影響終止契約的效力（意即仍然可以離職），但是勞雇間的聘僱契約若有約定未遵期預告離職的罰則時，勞工恐面臨遭求償違約金的風險，所以仍須謹慎。

勞工離職時應注意事項

司法實務認為——勞工離職時，對於雇主的業務承接應負有交接的義務，必須將與其業務有關的事項移交給承繼業務的人，包括返還業務上經手的文件資料、財產物件、應交付承接業務的人等。

倘若勞工誤認提了辭呈，就和雇主「田無溝，水無流」，忽略交接工作，即有可能遭請求損害賠償或違約金的疑慮。

亦常可聽聞有些離職勞工會以為在任職期間的工作成果，自己擁有完全的權利。事實上，企業支付工資僱用勞工，勞工在執行職務所產出的工作成果，依約或依法屬於企業所有！

所以離職勞工若在離職時以隨身碟或轉寄信件等方式，帶走企業所擁有的財產、工作資源、營業秘密等，不僅在民事上可能遭原雇主求償，更可能涉及刑責，不可不慎。

企業遇員工離職時應注意事項

企業在處理員工離職程序時，也需要注意——倘若遇到未遵守離職預告期間或未履行交接義務的離職員工，不應逕自從員工最後一個月的工資扣減違約金，只有勞雇雙方均無爭議，且員工同意的情況下，才能扣薪，以免違反工資全額給付原則。

企業也須在員工離職時將其尚未休完的特別休假、加班補休，折算工資給員工。除非員工同意，否則不可以要求員工將休假休完才離職。企業平時也應進行營業祕密的盤點，並檢視與員工間簽訂的保密協議、最低服務年限約款，及離職後競業禁止約款的效力是否符合法定要件，以免屆時留才不成，又求償無門。

03 集體請假是正當的工會活動？

何宗霖｜寰瀛法律事務所合夥律師／前桃園地方法院法官

自 2016 年起，發生三起與航空公司有關的罷工[1]開始，讓我國集體勞權意識逐漸成為大眾關注的議題。

2022 年，長榮航勤公司上百名員工不滿年終獎金只有一個月，因而「集體請假」，導致入出境旅客受到班機延誤的影響。

請假固然是勞工的權利，但是多數員工集體請假勢必妨礙雇主的營運，形成與「罷工」相似或相同的效果，卻無須受《勞資爭議處理法》中對於罷工相關的程序要求。

請假、假日不配合加班、準時上下班不配合加班、不配合值班等行為，本質上都是勞工正當權利的行使，然而若加上「集體」二字，結論有無不同？

可以從近幾年曾發生的實際案例，一一探討這些行為的合法要件。

近年「罷工」實際案例

2012 年，台灣航勤股份有限公司高雄航勤站務員集體拒絕加班，勞動部不當勞動裁決委員會（下稱「裁決會」）及法院均認為——勞工或工會依據契約或

[1] 2016 年 6 月華航空服員罷工、2019 年 6 月華航機師罷工、2019 年 6 月長榮航空空服員罷工。

▲ 2016 年起，三起與航空公司有關的罷工，集體勞權意識成為國人關注議題。

▲航空公司員工罷工，會影響到旅客權益。

法令所行使拒絕加班的權利，如果沒有違反誠信原則及權利濫用禁止原則，不因工會協同多數勞工集體約定一同行使而有所不同，該工會協同多數勞工行使拒絕加班的工會活動，仍然算合法，因此集體拒絕加班應屬合法權利的行使。

2014 年，新海瓦斯股份有限公司未發給「拒絕值班」的員工獎勵金，裁決會及法院均認為——「拒絕值班」活動的目的在於改善勞工權益，使公司績效考核、獎金發放給予明文制度化，屬於具有正當性的工會活動，雇主以有無「同意值班」作為發放獎勵金的唯一標準，構成不當勞動行為。

2017 年，臺灣鐵路產業工會集體拒絕春節期間出勤，裁決會認為——台鐵局排定 2017 年 1 月的班表後，勞工未為反對的意思並依班表出勤，使台鐵局合理信賴勞工已同意依班表出勤，勞工如不同意於國定假日出勤，應在班表排定前，或排定時明確告知台鐵局，但之後卻發動春節國定假日依法休假的行動，「不」屬於合法的工會活動。

2017 年，遠東航空工會會員煽動二名空服員請生理假，試圖癱瘓公司航班，遭遠東航空公司解僱。裁決會認為——該員工意圖阻礙相對人正常運作或經營，與工會活動性質相異，即使屬於工會活動，但因為影響既定航班，也違反勞工依據勞動契約所生的誠實義務，逾越正當工會活動的界限，屬於違法的工會活動；法院也認為遠航公司合法解僱該員工。

正當工會活動有容許範圍

由上述案例裁決會及法院的見解可知，集體請假、集體不配合加班、不配合值班等行為，即使不是依照工會具體指令而行動，而只是少數勞工的個別行動，如符合工會活動方針，以勞工相互扶持為目的，都可能屬於工會活動的範圍。

但工會活動也非毫無限制，原則上不容許違反勞動契約、誠實義務及阻礙雇主業務，才屬於正當的工會活動。

▲在班表排定前，或排定時明確告知台鐵局，臺灣鐵路產業工會集體拒絕春節期間出勤，被裁決為「不」屬於合法的工會活動。

綜上所述，勞工（或工會）發起集體請假等工會活動，應遵守正當工會活動的界限，以避免爭取權益不成，反而損害自身權益，更破壞勞資關係；雇主如欲懲戒參與工會活動的勞工，也須注意勞工的行為是否為正當工會活動，雇主是否負有忍受之義務，以免構成不當勞動行為。

04 圓夢假行不行？

何宗霖｜寰瀛法律事務所合夥律師
劉芷安｜寰瀛法律事務所律師

先前有科技公司傳出因訂單減少、獲利持續衰退，要求員工「少上班、多休假」，除了先前已強制員工在第一季把「特別休假」休掉外，更進一步強迫員工請「圓夢假」、「因工留停」休假，表面上的理由是讓員工得以透過較長假期返鄉探親或出國圓夢，事實上可能藉此減少人力成本的支出，因而衍生出爭議。

企業不得指定特別休假的日期

首先，勞基法關於特別休假的規定，目的是為提供勞工休憩的機會，讓勞工可以回復工作後疲勞的身心及保障勞工社會、文化生活。

針對特休日期的排定方式，從原先規定的「由勞雇雙方協商排定」，於2016年修正為「由勞工排定」，所以特休的日期須由勞工排定，但容許雇主於企業經營上的急迫需求時，與勞工協商調整特休日期。

因此雇主不可以單方指定勞工的特休日期，或限制勞工在特定期日前休完特休，否則有違法風險。

所謂「圓夢假」、「因工留停」等制度，都不是法律規定的假別，過往也有企業推出過諸如「行政假」、「專案事假」等，不一而足。這些不是法定假別的定義，請假期間是否給薪、給薪比例、有無勞健保及勞退等具體內容，都需要視個案情形而定。

企業不得為減發工資，強迫員工休息

總結來說，無薪假或上述企業所創造出的圓夢假等，都是企業考量營運狀況，為降低人事成本支出，希望員工「少（不）上班、多休假」，並藉此減少（停發）員工薪資。

然而，勞工的工作時間及工資是勞動契約中最基本、重要的內容，如果企業有節省人力成本的需求，應與員工協商，獲得員工「同意」後，方可減少員工的工時及工資。且我國司法實務長期認為員工屬經濟上的弱勢，員工單純保持沉默、沒有表示異議，並不等於員工已默示同意勞動條件的不利益變更。縱使員工在收到薪資發現工資遭扣款時沒有異議，或許只是員工單純沉默，不應該以此代表員工默示同意減薪，企業應特別注意。

綜上所述，企業不應恣意、片面安排員工的特別休假，也不應以任何名義強迫員工休息並減發工資。若企業希望員工盡量將特休休畢，應以提醒、鼓勵或促進等方式處理；如有使員工縮減工作時間以減發薪資或留職停薪的需求時，應與員工協商，希望員工共體時艱，切勿單方獨斷獨行，而須獲得員工同意才可這樣做。

員工是企業生存和發展的必要條件，一味透過減少人力來控制成本的支出，員工可能會質疑他們對企業的價值，長遠來看非明智之舉。如何在員工、股東、顧客的利益間取得平衡，達到企業永續經營的目標，避免勞資爭議，仰賴各企業主的智慧。

▲企業為降低人事成本支出，強迫員工請「圓夢假」，可能會衍生出爭議。

05 #MeToo 浪潮，企業不可等閒視之

何宗霖｜寰瀛法律事務所合夥律師
劉芷安｜寰瀛法律事務所律師

2023 年 5 月以來，#Metoo 浪潮自政壇開始，一路延燒到學術、文化、演藝圈。不禁令人思及：企業應如何防治職場性騷擾？接獲性騷擾申訴時，應如何處置等事項？

制定性騷擾防治措施並加強宣導

首先，企業應該為員工舉辦與性別平等相關的教育課程，培養員工具備正確的性騷擾防治觀念，並且明確表達出企業對於職場性騷擾「零容忍」的態度，透過事先預防，以避免性騷擾事件的發生。

其次，僱用員工 30 人以上的企業，應訂定性騷擾防治措施、申訴及懲戒辦法，並在工作場所公開揭示。由於遭性騷擾的被害人可能因擔心職場上的權勢關係，申訴後將影響自己未來的工作權益，導致有許多未提出申訴的「黑數」。企業所制定的性騷擾防治措施應讓員工知悉、並提供員工專門且可信賴的申訴管道，讓被害人無須擔心遭秋後算帳。

再者，企業在知悉有性騷擾情形時，應採取立即有效的糾正及補救措施。所謂「知悉」，並不是指員工正式提出申訴，而是指企業一經接獲性騷擾的申訴或知曉可能有性騷擾情形（例如外部檢舉、訪談），就算是處在知悉的狀態，不以經調查確定有性騷擾情事為前提。

立即有效的補救措施涵蓋範圍

而「立即有效的糾正及補救措施」，則是指企業於知悉有性騷擾事件後，以審慎態度即時處理，包含：

- 設身處地主動關懷或提供輔導。
- 醫療等協助。
- 啟動所設置之處理機制（例如組成申訴處理委員會以保密方式處理申訴）。
- 採取適當解決措施，以防免被害人或其他人員再遭受性騷擾（例如調整職務內容、辦公場所）等。

此外，企業此一義務並不會因被害人是否已離開企業而有所差異，即便被害人是離職後才向企業提出申訴，企業於獲知可能有性騷擾情事後，仍負有啟動申訴處理機制、採取立即有效糾正與補救措施的義務。如果受僱者或求職者因性騷擾而受損害時，企業依法須與為性騷擾的行為人連帶負損害賠償責任。若是企業違反前述對性騷擾事件，應採取立即有效糾正及補救措施義務，並因此導致受僱者或求職者受有損害時，企業也須負起賠償的責任。

修正後性平三法已全面施行

立法院於 2023 年 7 月間先後三讀通過「性平三法」（性別平等教育法、性別平等工作法、性騷擾防治法）的修正案，並已於 2024 年 3 月 8 日全面施行，期待架構以被害人保護為中心的性騷擾防治網絡、有效打擊加害人的裁罰處置、完備友善被害人的權益保障及服務、建立專業可信賴的性騷擾防治制度等。

可以預期在 #Metoo 浪潮之下，防治職場性騷擾的要求會不斷升高。建議企業應即刻盤點並完整落實各項性騷擾防治措施，減少員工遭遇性騷擾的風險，以打造性別友善讓員工安心工作的職場環境。

06 員工成立工會行不行？

何宗霖｜寰瀛法律事務所合夥律師／前桃園地方法院法官

美國企業透過各種手段打壓工會的成立，時有所聞，例如：在籌組階段一一約談懷疑有參加工會的員工；利用頻繁遊說、甚至恐嚇的手段來阻止工會投票；員工要開會時，故意排班或不准請假；在社群媒體上發文暗示員工如果參加工會，可能喪失員工認股權等……，這些行為恐都已違法。

企業阻止員工成立工會案例

美國勞動關係委員會（National Labor Relations Board）於 2023 年 12 月中認定——全球咖啡連鎖集團巨擘星巴克（Starbucks）為了阻止員工成立工會，自 2022 年 7 月開始，陸續關閉 23 間門市。委員會因此認為星巴克構成不當勞動行為，要求星巴克重新開店，並對受影響的員工進行賠償。

類似於前述美國企業妨礙工會成立的手段，我國也曾發生過數起案例。例如：

大愛電視台（慈濟傳播人文志業基金會）擔任新聞編輯的員工，因為私下串聯員工籌組工會，遭到主管在考績上的不利對待，進而於 2015 年 5 月遭到資遣。

2016 年 7 月，嘉里大榮貨運駕駛員在臉書「爆料公社」粉絲團貼文，號召組織工會，公司事後卻以該員用「血汗公司」一詞毀損公司名譽，將使內部員工質疑公司提供的勞動條件、動搖員工的向心力等為由，解僱該發動組織工會的駕駛員。

2020 年，環球科技大學刪減教師的學術研究費，同年 11 月，校內教師有意籌組「台灣高等教育產業工會環球科大分部」，以協助教職員維護權益，教師們借用校內教室舉辦籌備會議，校方卻將該工會籌備會議視為「爭議性集會」，拒絕出借教室，使會議無法在校內舉辦等。

上述這些事件，都曾被勞動部「不當勞動行為裁決委員會」認定構成不當勞動行為的案例。

勞權意識漸抬頭

我國長年以來工會組織率偏低，人數最多的職業工會，大多只有代保勞健保的功能，一般民眾及勞工本身對於工會的功能、工會運動的認識也都非常陌生。直到 2016 年到 2019 年間航空業的三次罷工（華航空服員、華航機師與長榮空服員等），由於牽涉的層面甚廣，不止航空運輸本身，相關的旅行業、觀光業等都受到嚴重影響，才因此漸漸喚醒國人的勞動權益意識。2023 年 12 月 8 日，勞動部也在官網發布「發起籌組工會參考手冊（企業工會篇）」，供有意願籌組工會的勞工下載手冊使用，宣示要讓勞工第一次籌組工會就上手。

正因為個別勞工與企業間難以基於實力對等的情況下進行協商，才需要透過工會作為代替勞工發聲的管道；也正是因為勞工對企業仍有期待，希望藉由改善勞動條件，長期為企業服務，進而促使企業留才、永續經營，否則大可透過離職的方式另尋高就。因此，企業也應該以正向態度面對擬籌組工會的勞工，勿將工會視為洪水猛獸。阻止工會成立的各種手段，不但違法，更無助於將來勞資關係和諧的發展。

▲企業應正向面對員工籌組工會。

07 面對罷工，企業應注意事項

陳宣宏｜寰瀛法律事務所助理合夥律師

歲末，天氣雖然寒冷，網路、社交平台上卻熱烈討論某航空業機師醞釀罷工、影響民眾出遊計畫等話題，該案例後來雖化險為夷，但已深刻提醒企業，必須謹慎面對罷工事件，以降低公司可能受到的損害，並維持各方應有的權益。

企業遭遇罷工時須應注意那些事項，才能迅速應變處理？

罷工需由工會提起，且需符合法令

依照我國勞動法令規定，罷工須要由工會提起，經無記名投票過半數同意，無法由勞工單獨提起，且只能針對調整事項（必須因資方經營的方針或策略而調整的事項，如調漲薪資、增派獎金、調整工時等）提起罷工，至於權利事項（影響勞資間權利的法律已規定事項，如勞動契約效力的有無、依照工作規則得否對員工為處分等）則否。

再者，攸關民生重大利益的事業（如自來水業、電力業、醫院、通訊業、金融支付業等），如須罷工，其勞資雙方須約定必要服務條款，除了送主管機關備查外，也須維持一定的基本服務；如有遭遇重大災難，則無法罷工。另與教育相關的學校教師、勞工與國防部相關機構人員，因維護國民受教權及國家安全，目前無罷工權。

在罷工手段上的採取，雖然勞工可能用來制裁企業的手段，可能或必定使第三人的權益受影響（如停駛鐵路列車、飛機航班致旅客改搭其他交通工具或取消

▲遭遇罷工事件，企業須謹慎面對，以降低公司可能受到的損害，並維持各方應有的權益。

行程），仍須注意手段的正當性，避免對第三人或公眾產生過大且無可彌補的損害，即較應採取如消極不出勤（避免以積極行為影響公司營運）、訂適當期間宣告罷工（以使相關受影響者能有時間因應）、設置糾察線時盡量安排專人引導（以免過度干擾公司營運與他人往來）等。

企業於合法罷工中應盡的義務

當工會為合法的罷工中，雖然已盡其手段正當性，但不免還是會對第三人或公眾產生損害，此時公司在與工會間產生協商共識前，應盡可能共同防止損害發生或擴大，公司也不得以不當手段限制、妨礙工會罷工的進行。

在合法罷工進行中，勞工因為參加罷工行為，未對公司提供勞務，公司可以不給付勞工罷工期間薪資，但不能對參加罷工的勞工採取不利的處分；至於勞工因參加罷工而未對公司提供勞務時，勞工與公司間的勞動契約仍有效存續，除了勞工的工作年資應持續累計外，公司也應於罷工期間，依法續為勞工提繳勞、健保及提撥退休金，以維護其法律上保障的權益。

企業在違法罷工時可採取的措施

如果罷工已明顯違法，且罷工者有不正當行為，致因實施罷工導致民眾的生命、身體或健康有急迫侵害的危險，或類此情形之不可回復的損害時，雇主可向法院聲請暫時狀態假處分，請求法院暫不准許工會罷工的行為，以防止因工會違法罷工而可能對公眾產生的急迫危險或重大損害。

有關工會罷工，如果發生以強暴脅迫的行為，導致他人生命、身體受侵害，或有受侵害的疑慮時，無論工會，或是具體為強迫脅迫行為的個人，均可能構成相關的刑事責任。此時身為工會會員的個人如須為其行為負擔刑責，所屬工會也將因工會會員的刑責，而負擔相應的繳付罰金責任。

若工會違法罷工行為，對企業產生損害（如無法提供勞務導致營運受影響、毀損公司設備等），或導致企業須對第三人負擔的損害（如致公司無法對債權人履約而產生的債務不履行責任等），企業對工會造成上述損害，有民事賠償請求權。

綜上所述，企業應在罷工中注意工會行為是否適法，並對其合法或違法的罷工行為適時、適當的處理，以兼顧勞工與企業間利益的平衡，同時保障第三人權益。這也是推動企業穩固經營的最高宗旨，應持續重視。

▲在合法罷工進行中，勞工與公司間的勞動契約仍有效存續，除了勞工的工作年資應持續累計，公司也應依法續為勞工提繳勞、健保及提撥退休金，以維護其法律上保障的權益。

CHAPTER 6

第六章 不動產管理

01 修法打房行不行？

江如蓉｜寰瀛法律事務所資深合夥律師

行政院為落實居住正義，於 2022 年 4 月 11 日通過「平均地權條例部分條文修正草案」[1]，其中多項新制，引起業界反彈，認為政府過度干預，將造成不動產交易市場之混亂，不利交易秩序之建立。據報載，自公布草案以來，預售屋買量及交易價格跌幅達 3 成以上，賣量則增加 2 成，導致市場發生價量變化。

平均地權條例修正草案的主要內容

此法案雖未能排進該年度上半年的立法院會期，各界仍持續就議程排定、法案內容進行多方角力，其重要性不言而喻。此次修正草案內容，主要包括：

(1) 限制預售屋、新建成屋之買受人轉讓買賣契約予第三人；銷售業者不得同意或協助轉售預售屋或新建成屋之紅單及買賣契約。

(2) 重罰散布不實資訊影響價格、虛偽交易營造熱絡假象、集結多數人連續買入或加價轉售等炒作行為。

(3) 私法人購買住宅用房屋應取得許可，且五年內不得轉讓。

(4) 建立銷售、買賣或實價登錄違規檢舉核發獎金制度，避免因交易數量龐大及揪團炒作，稽查不易。

1 修正通過之平均地權條例，已於 2023 年 7 月 1 日實施。

(5) 新增預售屋買賣契約解約之申報義務，避免虛假交易哄抬房價。

修正草案之修法緣由

針對限制預售屋、新建成屋之買賣契約，原則上不可讓與或讓售，且銷售業者亦不得同意或協助轉讓（售）。因為內政部認為換約轉售牟利、哄抬價格，將影響市場秩序及消費者權益。

且因市場炒房氣氛居高，此次修法也增訂若干炒作行為態樣，包括：閉門銷售、分期銷售（飢餓行銷），營造完（熱）銷假象，趁機哄抬價格、散布不實銷售價格、銷售量，引發房價上漲恐慌及搶購潮、網路群組銷售揪團炒房，投機壟斷、影響市場秩序，以及自住者購屋機會、加價換約轉售，哄抬牟利，墊高房價等，均視為影響不動產交易價格或秩序之操縱行為加以處罰。

至於引發諸多爭議的「私法人購買住宅用房屋須取得許可，且五年內不得轉讓之規定」，修法理由認為，因私法人並無住宅需求，故限制私法人取得「住宅用房屋」必須檢具使用計畫並經許可，以平抑房價調節市場。

不動產業界提出質疑

對於此次的修正草案，不動產業界提出多項質疑，包括：房地合一 2.0 稅制，已針對法人短期交易採重稅，與修法研議時之時空背景不同；若貿然實施，將造成預售案完工交屋，因法令時差引發交易糾紛，難以進行都更危老之購屋整合，甚至造成法院、行政執行署、金融資產整合機構，進行法拍住宅之承買障礙、國營事業招商合建之投資意願等諸多問題，是否真能達成政府精準調控、穩定房市之政策目的，不無疑問。

綜上所述，此條文修正案勢必是未來立法院會期的亮點，是否會排入議程、草案審議過程、最終是否三讀通過及通過內容等等，將是各界關注的重點。

02 平均地權條例新法上路，打炒房？還是打建商？

王雪娟｜寰瀛法律事務所資深合夥律師
呂宜樺｜寰瀛法律事務所律師

為杜防不動產淪為炒作工具，並健全住宅市場，新修正《平均地權條例》對應「私法人買受住宅許可制」、「檢舉獎金辦法」及「限制換約轉售行為」三項子法，均於 2023 年 7 月 1 日實施，對不動產交易市場之衝擊不容小覷。

買屋前，私法人應取得主管機關許可

為管制私法人買受住宅房屋，並避免住宅不動產淪為私法人投資炒作之標的，新修正的《平均地權條例》第 79 條之 1 明文規定：私法人買受供住宅使用之房屋應事前經主管機關許可，且取得後 5 年內不得移轉或預告登記。

又考量部分私法人因執行業務性質需要，於其對應之子法《私法人買受供住宅使用之房屋許可辦法》（下稱「私法人購屋許可辦法」）第 3 條明訂 6 種私法人買受住宅可免經許可之例外情形，包含：宿舍、供居住使用之經營出租、衛福機構場所、都市更新（下稱「都更」）、危老改建與其他經中央主管機關公告者，以期合理調節住宅市場及居住權益。

私法人購屋許可辦法的疑慮

《私法人購屋許可辦法》第 6 條對於私法人為合建、實施或參與都更、都市危險及老舊建築物重建（下稱「危老重建」）買受建築物免經許可者，訂定認定基準——除考量私法人買受之住宅應符合 30 年以上屋齡、危險情事或耐震性等條件外，於私法人實施或參與都更案之情況，更認為須於都更流程應進展至公開展覽階段，且私法人有持續整合而有取得房屋之必要時，該私法人方符合免經許可之房屋登記申請資格。

實務上，都更流程需先經過原有住戶整合、向主管機關申請報核後，始得進入公開展覽階段，因此，於公開展覽階段通常已有 8、9 成以上之原有住戶同意，屬都更整合的末段。鮮少實施者會於此階段才開始進行購買整合，所以此項修法對於建商進行都更計畫整合，似無助益。

若按現行法操作，則建商為及早取得免經取可之資格，極可能於進行都更、危老重建案之初，即提送審查，而此項修法不僅增加行政程序，更可能於審核過程中走漏風聲，引發釘子戶或有心人士覬覦，增加都更整合的困難及障礙，容易變成與政府推動都更、危老重建之政策目的相悖。

「私法人購屋採許可制」的目的，是為了杜防私法人以不動產為投資標的進行投機炒作之行為，因此新修正《平均地權條例》上路後，各方投資客、房屋仲介及代銷業者即受到限制換約轉售、重罰炒作行為、解約申報登錄等之限制，且央行也已經在 2023 年 6 月 16 日宣布第二戶貸款成數不得超過 7 成，更於 2024 年 9 月 30 日祭出信用管制，包含自然人名下有房屋者之第 1 戶購屋貸款無寬限期、自然人購置第 2 戶貸款成數降為 5 成且擴大實施地區至全國、建商餘屋貸款成數調降為 3 成，以及調升款準備率等措施，不僅嚴格控管房貸核准條件，亦使銀行放貸時更為謹慎，似乎可以預期不動產市場已非得如以往般快速進出。

雖然可藉由嚴格執行追查購屋資金來源、房地合一稅及豪宅稅等方法來進行管制，以期有效遏止私法人投機炒作之行為，不過也需注意避免過度干預私法人購屋之行為，以免造成都更、危老重建受池魚之殃。

03 商業租賃如何避免爭議

江如蓉｜寰瀛法律事務所資深合夥律師
呂宜樺｜寰瀛法律事務所律師

關於網紅退租之爭議——租賃期間房東與房客間之權利義務如何分攤，以及租約到期後，雙方如何圓滿結束……經常成為熱議話題。

租賃房屋，不外乎「自住」或「商業」使用。

自 2018 年《租賃住宅市場發展及管理條例》施行後，內政部也在 2023 年 3 月修改「住宅租賃定型化契約書範本」以及「住宅租賃定型化契約應記載及不得記載事項」，對於住宅租賃，房東與房客之權利義務、租屋爭議調處途徑，均有明確規範。

但作為營業店面或經營辦公室使用的「商業出租」，即不受前揭規範之限制，而應回歸民法及雙方約定內容。

租賃辦公室、店面等商業使用空間時，除一般租賃應注意的租賃物之屋況、租期起訖時點、租金與保證金之給付，以及返還、租約屆滿後是否回復原狀等常見事項外，尚有幾點應注意事項：

承租人應注意事項

(1) 簽約前，應先釐清租賃物之土地使用分區與用途。除可向出租人索取租賃物謄本等相關資料外，亦可自行辦理土地使用分區預查及申請建物第二類謄本，確認所營事業是否符合租賃物的土地使用分區和使用用途，

▲房屋租賃爭議經常成為熱議話題。

以避免後續無法合法營業使用。

(2) 實務上常見承租商務中心作為辦公室，但出租人卻非房屋所有權人之情形（即所謂之「二房東」），此時應向出租人確認其與房屋所有權人間是否有同意轉租之約定，以確保可以合法承租使用。

(3) 承租人為營利事業負責人，依法為扣繳義務人，視出租人為法人或自然人，應依所得稅法、全民健康保險扣取、繳納補充保險費辦法等相關規定，代扣繳營業稅、所得稅及補充保費，未如期繳納者，主管機關可對繳納義務人（即承租人）處以罰鍰及滯納金。故訂定租賃契約時，應注意租金是否包含前開稅金及補充保費、是否需開立發票等事項。

(4) 倘若所租賃物坐落於商業大樓內，除租賃契約之約定外，應注意大樓公共設施之水費、電費、公共空調費之計算方式，以及各項大樓管理辦法或規則。

出租人應注意事項

(1) 房屋出租為商業使用時，除需注意承租人有無定期繳納租金外，尚應注意承租人是否依照雙方約定於租賃物從事商業行為。實務上常見承租人於租賃物內非法容留外國人從事工作、非法僱用大陸地區人民在台從事未經許可或與許可範圍不符之工作，在此情形下，依就業服務法、兩岸人民關係條例等規定，出租人不但會遭受處罰鍰，還要負擔刑事責任。所以在簽約前，應先了解承租人公司的基本資料（包含資本額、營業項目等）及遷址原因等事項，同時實地了解承租人對於租賃物的使用習慣，並且可以在租賃契約中訂定懲罰性違約金，以避免租賃物遭不當、違法使用。

(2) 可要求承租人公司負責人擔任連帶保證人，當承租公司遇有租金遲繳、惡性倒閉或其他損害賠償問題時，就能夠直接向其公司負責人提出請求，確保租約得以順利履行。

(3) 為了避免承租人於租期屆滿後，遲遲不遷讓返還租賃物，或是不將其公司商業登記遷出等情形，可在租賃契約上載明「承租人未給付約定租金或違約金（含懲罰性違約金）或未依期限屆滿日返還租賃標的物時，應逕受強制執行」等文字，經公證後，做成公證書，就能夠作為執行名義，於租賃期屆滿後，無須透過繁複的訴訟程序，可直接以該公證書，向法院聲請對承租人公司之財產進行強制執行，或要求其遷讓返還租賃物。

商業租賃應注意事項

<table>
<tr><th>承租人</th><th>出租人</th></tr>
<tr><td colspan="2">屋況、租期起訖時點、租金與保證金之給付，以及返還、租約屆滿後是否回復原狀等一般事項。</td></tr>
<tr><td>簽約前，釐清租賃物之土地使用分區與用途。</td><td>簽約前，先了解承租人公司的基本資料及遷址原因等事項，同時實地了解承租人對於賃物的使用習慣，並在租賃契約中訂定懲罰性違約金。</td></tr>
<tr><td>確認出租人與房屋所有權人間是否有同意轉租之約定。</td><td>要求承租人公司負責人擔任連帶保證人。</td></tr>
<tr><td>訂定租賃契約時，應注意租金是否包含稅金及補充保費、是否需開立發票等事項。</td><td rowspan="2">在租賃契約上載明「承租人未給付約定租金或違約金（含懲罰性違約金）或未依期限屆滿日返還租賃標的物時，應逕受強制執行」等文字，並做成公證書。</td></tr>
<tr><td>若租賃物坐落於商業大樓內，應注意大樓公共設施相關費用的計算方式，以及各項大樓管理辦法或規則。</td></tr>
</table>

04 租屋處變凶宅，房東只能認栽？

江如蓉｜寰瀛法律事務所資深合夥律師
吳宜璇｜寰瀛法律事務所律師

2024 年年初，國內發生疑似一家五口因財務問題於租屋處自殺的社會案件，惋惜寶貴生命喪失之餘，對於房東而言，面對租賃房屋成為凶宅的後續處理，也成為棘手的難題。

凶宅是否屬於毀損房屋？

目前法律條文雖然無法直接使用「凶宅」一詞，但在內政部公告的「住宅租賃定型化契約書範本」裡，其中的「附件一建物現況確認書」要求勾選「本建物（專有部分）是否曾發生兇殺、自殺、一氧化碳中毒或其他非自然死亡之情事」，可見房屋內若曾發生包含自殺在內的非自然死亡狀況，對於房屋交易確實具有重大影響。

現行《租賃住宅市場發展及管理條例》、內政部「住宅租賃定型化契約書範本」以及「住宅租賃定型化契約應記載及不得記載事項」皆未將這類型狀況納入規範，只規定承租人毀損租賃住宅或附屬設備、違反善良管理人注意義務導致住宅毀損滅失時，房東可以提前終止租約、請求房客賠償。但凶宅是否屬於「毀損」房屋，是司法實務上長期具爭議的問題。

房客在租屋處自殺身亡的情況，由於房客已過世，在訴訟上不具有當事人能力，無法作為被告。房東若想就房屋價值損失求償，通常只能以房客的繼承人或是租賃契約的保證人作為被告。

能否對租賃契約保證人請求賠償

如果是對保證人請求，需視租賃契約約定保證人的保證範圍。過去曾有案例的租約，約定承租人不能夠毀損房屋，承租人如有損害租賃房屋等情事時，保證人應連帶負賠償損害責任。曾有最高法院判決認為，該租約約定保證範圍似乎只包含房屋實體破壞，但凶宅所造成的損失並不是此種類型。

民法第 432 條對於承租人責任的規定也有相同的問題，依據此規定——房客如果沒有達到善良管理人（也就是一般人）的注意，造成房屋毀損時，就應該要對房東負擔損害賠償責任，保證人也要負責。但因自殺造成的凶宅，通常不會造成房屋本身實體的破壞。因此，若房東使用這個條文求償，也可能不被法院准許，雖然高等法院判決有認定「交易價值之減損」可以類推適用，但最高法院近期的判決似乎都不同意。例如最高法院 111 年度台上字第 2603 號判決就明確指出，凶宅之交換價值減損與民法第 432 條第 1 項規定的本質不同，純粹經濟上損失無法適用或類推適用。

▲租賃房屋危害生命的社會事件，對房東而言，是相當棘手的難題。

能否對房客的繼承人請求賠償

如果是對房客的繼承人請求，房東常主張的依據是民法第 184 條侵權行為損害賠償規定，但法院對於自殺算不算侵害他人「權利」？是否有故意或過失？算不算背於善良風俗？都有不同的見解。雖然部分判決認為房客的繼承人應該賠償房東，但也有一些判決房東敗訴。

最高法院近期的 112 年度台上字第 109 號判決，甚至要求認定自殺者在事發時的心理狀態，是否認知到自殺會造成房屋財產利益的侵害。因此房東到法院提起訴訟向房客繼承人請求，也不一定保證可勝訴。

需留意的是，繼承人只需要在繼承的遺產範圍內負責。因此如果房客留下的遺產少於應賠償金額，即便房東勝訴，仍然可能無法獲得完全的賠償。

房東可採取的自保措施

由於目前法院對於此種事故可否求償見解不同，為了增加事故後獲得賠償的機會，房東可以考慮在契約中明確約定——若承租人或第三人於租賃房屋內有自殺、一氧化碳中毒或其他非自然死亡之情事時，連帶保證人或承租人的繼承人應就房屋價值減損賠償特定金額，作為懲罰性違約金。如此將可以解決法院審判上常認為租約僅單純約定不得毀損房屋，未必可涵蓋到凶宅的爭議。

另外，現在市面上保險公司提供的住宅險產品可以附加「特定事故房屋跌價補償保險」（俗稱凶宅險），房客自殺也屬於此類保險補償範圍，甚至可賠償房屋後續的整理、宗教儀式等所生費用，有些保單也會包含租金補償金，多少可以填補事故後房屋無法立即出租所產生的損失，房東也可考慮投保相關保險，以分擔風險。

▲雖然法院對於屋內非自然往生的事故可否求償見解不同，房東可以在契約中約定，增加獲得賠償的機會。

05 公益出租行不行

鄧輝鼎｜寰瀛法律事務所助理合夥律師、會計師

當房東收租金，是許多人增加被動收入的方法。為了避免房客在報稅時列舉租金支出扣除稅額，使自身稅負增加，不少房東常在租賃契約上約定房客不得申報租金支出、租金補貼，甚至像是房客若申報，增加的稅捐將由房客負擔等。

祭出多項優惠方案，鼓勵公益出租

為鼓勵房東成為公益出租人，住宅法於 105 年修正時，給予所有權人每屋每月 1 萬元租金收入免稅額，同時給予房屋稅與地價稅比照自住稅率的優惠。110 年 5 月 18 日，再修正租金收入，免稅額提高為 15,000 元。

而為了提高房東參與公益出租的意願，消除房東疑慮，避免出租住宅成為稅務機關追查租賃所得、房屋稅及地價稅的依據，112 年 11 月住宅法再次修正，其中第 15 條及第 16 條增訂公益出租人租賃契約資料不得作為租賃所得、房屋稅及地價稅查核依據的規定。

所謂「公益出租人」，依住宅法第 3 條第 3 款規定，是指住宅所有權人或未辦建物所有權第一次登記住宅且所有人不明的房屋稅納稅義務人，將住宅出租給符合租金補貼申請資格、經地方主管機關認定者。目前計有二種認定方式——一是房東自行申請，一是由政府直接認定，例如房客申請租金補助、符合自建自購住宅貸款利息，及租金補貼辦法的租金補貼、其他機關辦理的租金補助等，此時，房東就會被認定為公益出租人。

▲為鼓勵房東成為公益出租人，政府祭出多項優惠方案。

依住宅法等規定，公益出租人可以享有以下的稅賦優惠：

一、綜合所得稅：承租人若享有租金補貼，身為出租人的房屋所有權人於申報綜合所得稅時，依住宅法第 15 條第 1 項規定，享有每屋每月租金收入最高新臺幣 15,000 元的免稅額度。

二、房屋稅：依房屋稅條例第 5 條第 1 項第 1 款規定，同自住住家用稅率 1.2%。

三、地價稅：依住宅法第 16 條第 1 項規定，得適用稅率自用住宅用地稅率課徵，而自用住宅用地稅率，依土地稅法第 17 條第 1 項規定為千分之二。

知法熟法

住宅法第 15 條

1. 公益出租人將住宅出租予依本法規定接受主管機關租金補貼或其他機關辦理之各項租金補貼者，於住宅出租期間所獲租金收入，免納綜合所得稅。但每屋每月租金收入免稅額度不得超過新臺幣 15,000 元。
2. 前項免納綜合所得稅規定，實施年限為 5 年，其年限屆期前半年，行政院得視情況延長之。
3. 公益出租人依第 1 項規定出租住宅所簽訂之租賃契約資料，除作為該項租稅減免使用外，不得作為查核其租賃所得之依據。

住宅法第 16 條

1. 公益出租人出租之房屋，直轄市、縣（市）政府應課徵之房屋稅，依房屋稅條例規定辦理。
2. 公益出租人出租房屋之土地，直轄市、縣（市）政府應課徵之地價稅，得按自用住宅用地稅率課徵。
3. 前項租稅優惠之期限、範圍、基準及程序之自治條例，由直轄市、縣（市）主管機關定之，並報財政部備查。
4. 第 2 項租稅優惠，實施年限為 5 年，其年限屆期前半年，行政院得視情況延長之。
5. 公益出租人出租房屋所簽訂之租賃契約資料，除作為第 1 項、第 2 項房屋稅及地價稅課徵使用外，不得作為查核前開租賃契約所載房屋、其土地之房屋稅及地價稅之依據。

誘因增加，法律公平性卻仍待商榷

成為公益出租人雖有以上三大稅賦優惠，但是公益出租人的認定是以房客符合租金補貼資格為準，如果將來房客不再申請或換人，房東除了不符合公益出租人的資格，而無法繼續享有前述租稅優惠，也難再隱身。

此外，如果有房屋轉讓的計畫時，尚有土地增值稅及房地合一稅等考量，更可能會大幅降低房東成為公益出租人的意願。例如：土地增值稅如要適用一生一次或一生一屋自用住宅用地優惠稅率 10% 的規定，就必須符合出售前一年內或前五年內，未曾供營業或出租的要件，一旦成為公益出租人將住宅出租給弱勢族群，將無法按自用住宅優惠稅率課徵土地增值稅。

現實生活中，納稅義務人誠實申報或揭露似乎不易期待，因此，住宅法修正增訂公益出租人租賃契約資料不得作為租賃所得、房屋稅及地價稅查核，以此鼓勵屋主成為公益出租人，對成為公益出租人的房東而言，除了可以享有稅捐優惠，更增加不追稅的保障，自堪稱福音，但能否達成提高屋主參與公益出租的立法目的，則有待觀察。而且，不追稅規定是不是免死金牌，是否符合法律公平價值，也值得思考。

▲雖然政府已推行許多優惠方案，但對房東而言，若成為公益出租人，仍有法律公平價值問題需深思。

至於房客，在確認能否申請租屋補助之餘，建議也先與屋主溝通相關租賃條件，例如申報綜合所得稅時，能否申報房屋租金支出、申請租屋補助的租金和沒有申請的租金有無不同等，取得一定共識後，再行簽約，以免雙方產生摩擦。

CHAPTER 7

第七章
智慧財產權
&
個資保護

01 莫德納不忍了——疫苗專利戰開打

蘇佑倫｜寰瀛法律事務所律師

「mRNA」是什麼？

COVID-19 出現之前，對多數人來說，可能是個完全摸不著頭緒的問題。現在，一般大眾或許還是不容易正確理解這個問題，但可能會直覺反應的說出：「就是我已經打過 4 劑或 5 劑的疫苗。」

新冠疫情爆發所帶來的眾多改變之一，是促進 mRNA 疫苗發展的大躍進。目前對抗新冠病毒的兩大 mRNA 疫苗，分別是莫德納的 Spikevax，以及輝瑞與 BNT 的 Comirnaty。

2021 年輝瑞的銷售額高達約 367 億美元，2022 年約 320 億美元。莫德納疫苗於 2021 年的銷售額約達 185 億美元，2022 年則約 210 億美元。如此龐大的市場利益下，發生專利戰只是遲早的事。

抗疫期間，莫德納暫時讓步

2020 年 10 月 8 日，莫德納在疫苗獲得緊急使用授權（EUA）之前就公開承諾，於疫情持續期間，不會用相關的專利權打擊其他也在對抗疫情的疫苗製造商。莫德納也願意在後疫情時代，將新冠疫苗的智慧財產權授權給需要的廠商。

隨著疫情趨緩以及疫苗供應量提升，莫德納在 2022 年 3 月 7 日發表全球公共衛生策略及新的專利承諾。莫德納公司表示，針對疫苗製造商供應疫苗給

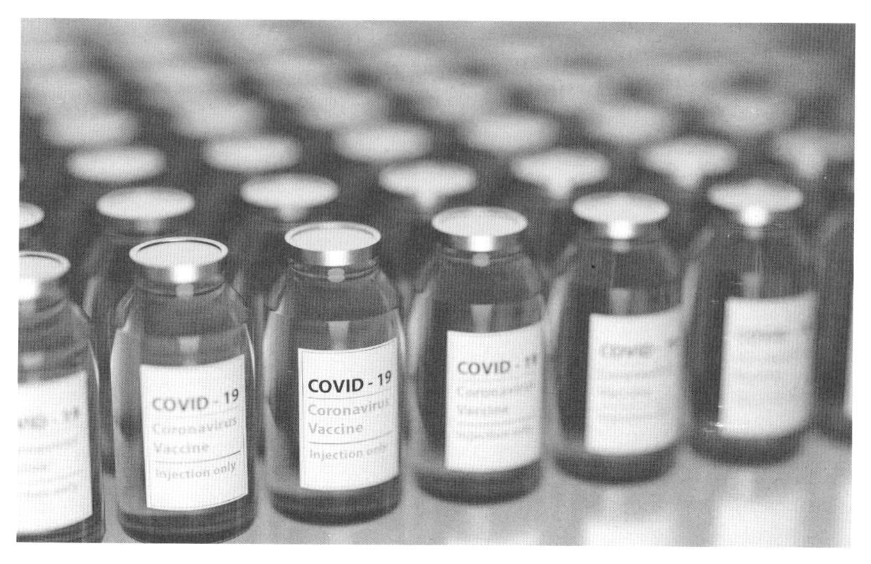

▲ COVID-19 疫情爆發，促進 mRNA 疫苗發展的大躍進。

COVAX 計畫下的 92 個中、低收入國家的部分，持續維持不對製造商主張專利權的政策。但在其他國家中，疫苗的供應已不再匱乏，莫德納則要其他公司尊重智慧財產權，並願意以合理的條件提供授權，讓莫德納可持續投入新疫苗的開發，防備下個大流行。

疫苗供應充足後，莫德納提起侵權訴訟

2022 年 8 月 26 日，莫德納同時在美國及德國對輝瑞及 BNT 提起專利侵權訴訟。依據莫德納在美國麻州地方法院提出的起訴狀，主張輝瑞及 BNT 侵害了 3 件專利。

莫德納在起訴狀中指出，mRNA 分子不穩定，在體內會快速分解，再加上身

體內的免疫系統也會把 mRNA 視為外來物質而進行攻擊，這些都是研發 mRNA 疫苗必須克服的問題。莫德納的科學家利用將 mRNA 的 U 鹼基（尿嘧啶 Uracil）進行特定修飾，並包覆在脂質奈米粒中，成功地突破了上述困境，開發出 mRNA 疫苗平台的核心技術。

2011 年 3 月 31 日，莫德納就這項技術提出美國臨時專利申請案，正式的專利案於 2021 年 1 月 26 日獲准。莫德納將此技術運用在中東呼吸症候群冠狀病毒感染症（MERS）的疫苗開發，衍生出另外二件專利。起訴狀中亦指出，因為有先前開發 MERS 疫苗的技術及經驗，莫德納才有辦法快速地開發出新冠疫苗。

莫德納指控輝瑞及 BNT 原本的疫苗設計採用未修飾的 mRNA，而最後卻選擇仿效莫德納三項專利技術，已侵害莫德納的專利權。

被告陣營的反擊

這並不是輝瑞及 BNT 陣營第一次被告。德國生技公司 CureVac 於 2022 年 7 月初在德國法院控告 BNT，主張 Comirnaty 侵害 4 項專利權。BNT 及輝瑞於 7 月底就在美國反擊，請求法院做出未侵害 CureVac 專利權的判決。因此，針對莫德納的提告，預料被告陣營將會提出反擊，可能是提出莫德納專利權無效的證據資料，或是抗辯 Comirnaty 疫苗並未落入莫德納的專利範圍。

此外，莫德納在 2020 年 10 月 8 日發表的聲明或許也會是另一個攻防焦點。莫德納雖然在 2022 年 3 月 7 日更新了專利承諾，並在起訴狀中表示並沒有要禁止輝瑞及 BNT 銷售疫苗，而且只打算針對 2022 年 3 月 8 日起的銷售行為要求賠償。不過，被告方可能會主張莫德納在 2020 的專利承諾中已明確表示不會用專利權來打擊其他疫苗製造商，輝瑞及 BNT 是基於對該項承諾的信任而進行 mRNA 疫苗的開發，因此，法院不應該准許莫德納進行違背專利承諾的訴訟行為。最終結果還未知曉，但有很高的可能性是握手言和，以和解落幕。

善用專利申請，擴大專利保護範圍

此案的另一個亮點為專利申請技巧。

莫德納 mRNA 平台核心技術的正式專利案是 2018 年 3 月 21 日提出申請，但之前運用了 4 件專利接續案，可以讓優先權日一直回溯到 2011 年 3 月 31 日申請的臨時申請案。

如何善用美國接續案的申請技巧，延續或擴大專利保護範圍，對科技公司而言也是非常重要的議題。

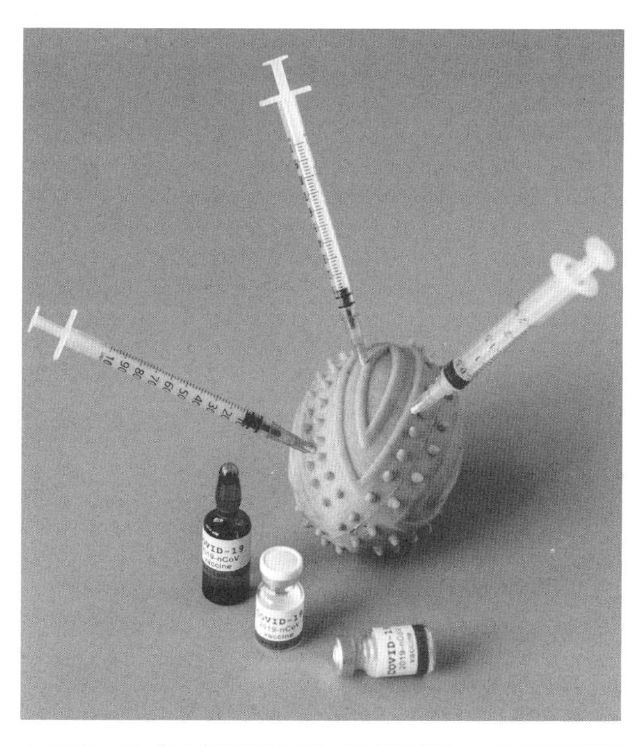

▲ COVID-19 疫苗專利戰的開打，讓人警覺到——如何善用美國接續案的申請技巧，延續或擴大專利保護範圍，對科技公司而言也是非常重要的議題。

02 著名商標有多「著名」？大法庭給答案

蘇佑倫｜寰瀛法律事務所資深合夥律師
詹抒靜｜寰瀛法律事務所律師

著名商標的著名程度，究竟要達到一般消費者普遍知悉的程度，或只要達到相關消費者所普遍認知的程度即可，最高行政法院 2022 年 10 月把問題提給大法庭，最近大法庭給了答案。

著名商標爭議案例

問題緣起自英籍女子以「GIOVANNI VALENTINO」在臺灣申請商標，指定使用於布料、家飾、寢具用品、床罩、桌巾等商品及服務分類表第 24 類的商品，之後變更申請人為另一間公司，經濟部智慧財產局（智慧局）審查後核准商標。

但是義大利商法倫提諾公司反對智慧局核准此商標，認為它在臺灣早已註冊取得許多「VALENTINO」相關商標，且相關商品如衣服、冠帽、腰帶、皮包等皆出自義大利設計名師「Valentino Garavani」之手，頗受世人喜愛，並廣為報章雜誌所報導，獲獎無數。「VALENTINO」已成為著名商標，若准許「GIOVANNI VALENTINO」商標，消費者將無法區辨著名商標「VALENTINO」是否為法倫提諾公司所有，而減損著名商標之識別性或信譽。

著名商標的著名程度解釋各異

商標法第 30 條第 1 項第 11 款規定，「相同或近似於他人著名商標或標章，有致相關公眾混淆誤認之虞」（第 11 款前段），或「有減損著名商標或標章之識別性或信譽之虞者」（第 11 款後段），不得註冊商標。

▲「VALENTINO」在臺灣掀起的商標之爭，也掀起了著名商標的認定議題。

但對於第 11 款後段「著名商標」的著名程度，究竟是要達到「一般消費者均普遍知悉」、或是只要符合「相關消費者所普遍認知」程度即可，最高行政法院內部有不同見解。

主張第 11 款後段著名商標應達到「一般消費者均普遍知悉」程度的意見認為——第 11 款前段，在於避免相關公眾對於商品或服務之來源產生混淆誤認之虞，保護對象是相關消費者，即該商標所使用之商品或服務的消費者。但是第 11 款後段，則在避免著名商標的識別性或信譽於一般消費者主觀認知中可能遭受減損，保護的對象為該著名商標，不以該商標所使用的同一或類似商品、服務類別為限，兩者保護的對象及範圍並不相同。

如果商標僅在某一類商品、服務的相關消費者間具有著名性，對於不同類別商品或服務的其他消費者不具著名性，則不應該在不同類別的商品或服務取得壟斷或排他使用的權利，否則將造成市場不公平競爭。

主張第 11 款後段著名商標不需要達到「一般消費者均普遍知悉」程度的意見則認為——商標法條文並未將著名商標區分為一般消費者知悉或相關消費者認知兩種程度，立法理由也未將第 11 款後段商標的著名程度，提高至一般消費者普遍知悉的程度。此外，著名商標保護審查基準雖有記載第 11 款後段對商標著名程度的要求應高於第 11 款前段，商標著名程度若高到一般消費者所普遍認知的程度，較有可能適用第 11 款後段，但並沒有要求第 11 款後段的著名商標必須達一般消費者普遍知悉的程度。

大法庭釋疑

在「VALENTINO」的案件中，法倫提諾公司一路從異議、訴願打到最高行政法院。最高行政法院為避免法律見解前後不一致，於是向大法庭提案，請大法庭說明「商標法第 30 條第 1 項第 11 款後段所述之著名商標，其著名程度應否解釋為超越相關消費者而達一般消費者普遍知悉之程度，始有該後段規定之適用？」

知法熟法

大法庭

- 司法院為了強化終審法院統一法律見解的功能，推動建立大法庭制度，而最高法院與最高行政法院「大法庭」制度已於民國 108 年 7 月 4 日正式上路。
- 相較於判例、決議，大法庭須對外公開，舉行言詞辯論，讓檢察官、當事人律師、甚至專家學者都參與表達意見。當統一法律見解過程攤在陽光下接受檢驗，社會多元觀點有機會進入法庭、影響法官，人民會更願意相信司法的決定是周全、禁得起考驗。
- 大法庭僅裁判法律爭議，不包含提交案件的本案終局裁判。
- 大法庭最重要的功能是在統一法律見解。
- 大法庭就提案之法律爭議作成之裁定，明定對提案庭提交之案件有拘束力，提案庭必須依照大法庭裁定之法律見解作出該案的終局判決。

2023 年 3 月 17 日，大法庭做出決定，認為第 11 款前段和後段的著名商標在著名程度上是沒有區別的，都應該解釋為：「廣為相關事業或消費者所普遍認知之商標，無須達一般消費者普遍知悉之程度」。

03 淺談「商標的指示性合理使用」

李貞儀｜寰瀛法律事務所主持律師
魏芳瑜｜寰瀛法律事務所助理合夥律師

民國 113 年 5 月 1 日，商標法修正施行，明定商標「指示性合理使用」的標準。

什麼是「指示性合理使用」？——關心商標權的朋友不可不知！

「商標的合理使用」可分為「描述性合理使用」及「指示性合理使用」兩種類型。

「描述性合理使用」是指純粹作為自己商品或服務本身的說明，而非利用他人的商標指示商品或服務的來源。

「指示性合理使用」則是指以他人的商標指示該他人（即商標權人）的商品或服務，而非作為自己商標的使用。例如：提供手機維修服務的店家，常會在廣告招牌上張貼各家手機廠牌的商標，藉以讓消費者知道「這家店有提供這些廠牌手機的維修服務」，這種方式通常會被認定屬於「指示性合理使用」。

增訂條文旨在減少適用上的爭議

商標法原僅就「描述性合理使用」規定其標準，新法增訂「指示性合理使用」的標準，期能減少適用上的爭議。

新法規定——如果是「以符合商業交易習慣的誠實信用方法」表示商品或服

務的使用目的，而有使用他人的商標「用以指示該他人的商品或服務」的「必要」者，則屬「指示性合理使用」，不受他人商標權的效力所拘束，不須負侵權責任。但如果使用結果有造成消費者混淆誤認之虞（例如造成消費者誤認二者是同一來源、關係企業、授權關係、加盟關係等），則仍須負侵權責任。[1]

在新法增訂「指示性合理使用」的標準之前，實務上法院已有採用此概念作為判決基礎：

案例一

甲（生活百貨）為慶祝其週年慶而舉辦抽獎活動，該活動以甲自行購入的「乙（精品品牌）之正版商品」作為獎品，甲並在其全國所營分店的廣告看板、公司官網等處張貼其上有「乙之商標」、甲自行拍攝之「乙之商品照片」內容的文宣。

乙認為甲此舉是侵害其商標權，提出民事訴訟要求甲撤下該些文宣並賠償損害等。

此案經法院認定——甲在文宣上已標示出「甲」、「甲時尚週年慶」、「立集抽經典乙」等文字，足以使消費者辨識出甲是在銷售「甲自身的商品」，並不發生混淆誤認的問題，甲的文宣內容之所以出現乙之商標、乙之商品照片，其目的是使消費者認知「該活動提供『乙之商品』作為抽獎禮物」、說明獎品的來源，此是符合商業交易習慣之誠實信用方法，故並不受乙之商標權之效力所拘束，因而判決乙敗訴。[2]

1 參見新法第 36 條。

2 參見最高法院 107 年度台上字第 2423 號民事裁定、智慧財產及商業法院 105 年度民商上字第 12 號民事判決。

案例二

丙公司以平行輸入丁等名牌之精品為業，丙於各大百貨等處開設商店／櫃位販售。丙未經丁同意，於上開商店／櫃位之招牌、看板、展示櫃、廣告燈箱、樓層簡介廣告標示、包裝紙盒及包裝提袋等處使用丁之商標字樣及圖樣。

丁認為丙此舉是侵害其商標權，提出民事訴訟要求賠償損害且不得使用相同或近似於丁之商標。

此案經法院認定——丙係將丁字樣以大型字體單獨使用於上開招牌等廣告媒介上，且其字體、用色等美工設計及風格與丁如出一轍，僅少數有將自己之名稱（丙）以極小型字體標識於丁字體之下，丙故意捨自己公司名稱不用（或將自己公司名稱置於毫不顯眼之配角地位）而使用丁商標，經由整體觀察可知丙辯稱作為「商品說明」之內容，實際上乃係故意凸顯丁之商標，並非單純以說明性之形式表現，故認定丙顯係故意攀附丁之著名商標，而招致公眾誤認其所開設之商店／櫃位與丁公司間存有關係企業、授權關係、加盟關係或贊助關係或其他類似之經濟上或法律上之關係，並非善意合理使用，已侵害丁之商標權，因而判決丁勝訴。[3]

「指示性合理使用」不能造成消費者混淆誤認

綜合可知，雖然可以將他人之商標作為「描述性使用」，只是仍需以出於「以符合商業交易習慣的誠實信用方法」表示商品或服務的使用目的，而有使用他人的商標「用以指示該他人的商品或服務」的「必要」，且其結果不會造成消費者混淆誤認之虞，方屬「指示性合理使用」，否則依舊會受他人商標權的效力所拘束，而須負侵權責任。

3 參見最高法院 100 年度台上字第 295 號民事判決、智慧財產及商業法院 100 年度民商上更（一）字第 1 號民事判決。

▲週年慶是商家的年度大活動，尤其是各大百貨，總是挖空心思，大送贈品及優惠，只要稍不留神，就會誤入商標使用陷阱。

04 契約中的魔鬼，不可不慎！

蘇佑倫｜寰瀛法律事務所資深合夥律師
詹抒靜｜寰瀛法律事務所律師

雙方有沒有簽契約？——是律師在協助解決法律爭議時常會問的問題。

很多時候，得到的回覆是：「有，但我從來沒仔細看過，不知道裡面寫了什麼。」等到把契約拿出來看，才發現契約中有許多不利的條款，又或是契約條款寫得不清楚，沒有辦法直接認定對方違約。

擬定契約架構及條款是一門專業，也是一門藝術，一個不恰當的用語，可能就決定上天堂或下地獄。

案例分享：演藝經紀合約的紛爭

「演藝經紀合約」的紛爭時有耳聞，類型包括合約是否已終止、藝人自己接活動是否違約、團名的使用、版稅分配、創作數量、作品權利歸屬等。在這個充滿創意的產業，很多爭議都會涉及智慧財產權，尤其是商標權及著作權的使用權利。

以近期的一則智慧財產及商業法院 112 年度民著上字第 5 號判決為例：

經紀公司主張，契約條文很清楚地記載：「在本合約期間，經紀公司為藝人所安排或製作之各類型聲音、影像之著作物如唱片、雷射唱片、錄音帶、影碟、錄影帶及攝影集等及其他表演、文字、圖片、照片製作品於全世界發行、出版之權利均歸經紀公司所有。」因此，藝人在合約期間所創作的任何作品，包括藝人上傳至 YouTube 等社群網站的影片，都是屬於公司的，藝人無權在合約終止後繼續使用。

▲「演藝經紀合約」的紛爭時有所聞，很多爭議都會涉及智慧財產權，尤其是商標權及著作權的使用權利。

▲一開始議約時，就應確實了解條款內容，設想可能發生的風險及爭議。必要時，別忘了尋求專業人士的意見，幫自己抓出契約中的魔鬼。

但是，法院不同意。判決中提出，依據著作權法第 3 條第 1 項第 14 款規定：「發行，指權利人散布能滿足公眾合理需要之重製物。」民法第 515 條：「稱出版者，謂當事人約定，一方以文學、科學、藝術或其他之著作，為出版而交付於他方，他方擔任印刷或以其他方法重製及發行之契約。」

據此，法院認定契約條文中所訂定的「發行、出版」應該是指「著作內容附著於實體物，並提供能滿足公眾需求之一定數量之重製物而言」，而藝人將創作影片上傳到自己的 YouTube 頻道或其他社群網站，是屬於著作權法中的「公開傳輸」，並未以附著於實體物的形式提供給公眾一定數量的重製物，與「發行、出版」的態樣並不相同。因此，法院認為，契約條文並未約定藝人社群平台上影片的著作財產權是屬於經紀公司的。

既然雙方的契約未約定，依照著作權法的規定，共同完成的創作為共同著作，參與者均為共同著作人。經濟部智慧財產局台（81）內著字第 8114961 號函亦指出：「視聽著作，除以法人為著作人之情形外，本質上屬於共同著作，節目製作人、演員、編劇、導演及其他演職員或工作人員如均參與著作行為，均為視聽著作之共同著作人。」法院因而認定社群平台上的影片，經紀公司及藝人為共同著作人。共有著作的使用，雖然必須經過全體著作財產權人的同意，但若沒有正當理由，不得拒絕同意。法院認為經紀公司並沒有提出任何正當理由，因此沒有權利拒絕藝人繼續使用自己社群平台上的影片。

尋求專業協助，抓出契約中的魔鬼

上述案件為二審判決，仍有上訴最高法院的機會。二審法院對「發行」或「出版」的解釋是否太過狹窄，或許容有爭議。不過，如果最初簽訂演藝經紀合約時，可以對創作物的著作權歸屬有較明確及全面的約定，則可大量降低契約文字被做出不同解讀的空間。

人們總說：「魔鬼藏在細節裡！」

不要等到發生爭議時，才把契約拿出來讀。一開始議約時，就應該確實了解條款的內容，設想可能發生的風險及爭議，並利用契約條款設計出適當的處理機制，以保障自身權益。必要時，也別忘了尋求專業人士的意見，幫自己抓出契約中的魔鬼，降低法律風險與陷阱。

05 企業違反個資安全維護義務，罰鍰上限大幅提高

洪國勛｜寰瀛法律事務所合夥律師、個人資料管理師

為強化打擊詐騙，行政院會先前於 2023 年 4 月間通過打詐三法案修法草案，主要包括「洗錢防制法」、「證券投資信託及顧問法」及「個人資料保護法」（下稱個資法）相關修文修正草案。

個資法修正重點

其中個資法修正部分已於 2023 年 5 月 16 日經立法院三讀通過，修正重點有二：

一、明訂個資法的主管機關為「個人資料保護委員會」（該委員會組織與具體權限將另以法律定之），以符合憲法法庭 111 年憲判字第 13 號判決應設置獨立監督機關的意旨，並解決目前個資法分散式管理下的實務監管問題，同時也與國際趨勢接軌。

二、加重非公務機關違反個資安全維護義務與未訂定相關安全維護計畫的裁罰金額。

針對企業就所保有的個人資料未能採行適當的安全措施，導致個資外洩，或未依法訂定個人資料檔案安全維護計畫，或業務中止後個人資料處理方法者，其裁罰由原本經限期改正屆期未改正者，按次處新臺幣（下同）2 萬元至 20 萬元罰鍰，修正為直接裁處罰鍰並命限期改善，且提高罰鍰金額為 2 萬元至 200 萬元，情節重大者則再加重裁罰額度為 15 萬元至 1,500 萬元；又為加強督促違反上開義務的行為人儘速改善個人資料保護措施，就屆期未改正者，加重處罰額度

為 15 萬元至 1,500 萬元。

企業宜主動制訂個資保護計畫

此次修法相較於各國資訊隱私保護義務的最高罰鍰相關立法，如日本訂有相當於新台幣 2 千萬元（1 億日圓）的罰鍰；新加坡為企業的 10% 營業額或新台幣 2 千萬元（1 百萬新加坡幣）；歐盟則為企業的 2% 營業額或新台幣 3 億元（1 千萬歐元）等，雖然仍存在一定的落差，但在修法前，行政院早已於 2023 年 3 月 2 日會議通過「防止非公務機關個資外洩精進措施」，要求各部會成立行政檢查小組，加強對高風險業者的行政檢查，並加快對近期引起社會關注的重大個人資料外洩案件進行行政調查。可以預見，未來主管機關對企業個資保護執行情況的監督將越來越嚴格。

因此企業應該重視並重新檢視目前的個資安全維護機制是否適當，且不論是否為應訂定個人資料檔案安全維護計畫，或在業務終止後處理個人資料方法的行業別，都應主動制訂相關辦法、計畫並至少包含以下事項：

- 確立相關權責人員（部門）並配置相當資源。
- 界定個人資料的範圍。
- 個人資料的風險評估及管理機制。
- 事故預防、通報及應變機制。
- 個人資料蒐集、處理及利用的內部管理程序。
- 設備、資料安全管理與人員管理與稽核機制。
- 建置維護個資正確性、當事人權益行使及刪除個資的機制。
- 認知宣導及教育訓練。
- 必要的使用紀錄、軌跡資料及證據的保存。
- 定期檢視並就執行情形持續改善整體安全維護計畫。

針對如何制訂企業個人資料檔案安全維護計畫，或業務終止後個人資料處理方法有疑義者，如屬於經指定應制訂相關計畫的行業別，可參考各目的事業主管機關制訂的「○○業個人資料檔案安全維護管理辦法」，或洽專業律師提供協助。

06 數位經濟相關業者必訂定的《個資安全維護計畫》

李貞儀｜寰瀛法律事務所主持律師
魏芳瑜｜寰瀛法律事務所助理合夥律師

為防止消費者的個資被竊取、竄改、毀損、滅失或洩漏，2023 年 10 月 12 日，行政院數位發展部發布施行了《數位經濟相關產業個人資料檔案安全維護管理辦法》（下稱數位個資辦法）。凡「從事以網際網路方式零售商品的行業」（俗稱網購）、「軟體出版業」、「電腦程式設計、諮詢及相關服務業」、「從事代客處理資料、主機及網站代管以及相關服務的行業」、「第三方支付業」、「其他資訊服務業」等數位經濟相關產業的業者，皆會受到數位個資辦法規範。

未訂定個資安全維護計畫恐挨罰

上述業者必須在 2024 年 1 月 12 日前訂定《個資安全維護計畫》，如果沒有在期限內完成，可能會被按次處以 2 萬元至 200 萬元的罰鍰；如果情節重大或是經限期改正卻仍未改正，甚至可能會被按次處以 15 萬元至 1,500 萬元的罰鍰，不可不慎。

數位個資辦法係採分級管理頻率，以避免業務規模較小的業者在訂定及執行《個資安全維護計畫》負擔過多成本，如果業者的資本額達 1,000 萬元以上，或是保有個資筆數達 5,000 筆以上，則必須每年至少實施及檢討改善安全維護計畫一次。另就其他特殊情形（例如在數位個資辦法施行後才增資達 1,000 萬元以上的業者），該辦法第 18 條也訂有其他細節性的規定。

▲數位經濟時代，為防止消費者的個資被竊取、竄改等事情發生，相關產業的業者，皆需受到數位個資辦法規範。

▲數位經濟產業業者須訂定《個資安全維護計畫》，且須在 2024 年 1 月 12 日前訂定完成。

個資安全維護計畫的必要 8 點

業者訂定的《個資安全維護計畫》，必須包含以下的具體內容[1]，業者並須保存執行《個資安全維護計畫》的相關紀錄至少 5 年：

(1) 業者就個資蒐集、處理、利用的目的及情形，須符合《個人資料保護法》第 6 條第 1 項、第 7 條第 1 項、第 8 條、第 9 條、第 19 條第 1 項、第 20 條的規定。

(2) 業者須對個資採取適當的安全管理措施，包括加密、備份的保護、傳輸的安全、資通系統的防火牆、電子郵件過濾機制，或其他入侵偵測設備、異常存取資料行為的監控、更新並執行防毒軟體、執行惡意程式檢測、設定認證機制、就個資的呈現給予適當且一致性的遮蔽等。

(3) 就個資被竊取、竄改、毀損、滅失或洩漏等安全事故，若將危及業者的正常營運或大量當事人權益，則業者必須於知悉事故後 72 小時內通報行政院數位發展部，或通報直轄市、縣（市）政府時副知行政院數位發展部。

(4) 就個資被竊取、竄改、毀損、滅失或洩漏等安全事故，業者須訂定事故發生後的應變機制（包括降低、控制當事人損害的方式、查明事故後通知當事人的適當方式及內容）、通報機制（通知當事人事故的發生與處理情形，及後續供當事人查詢的管道）、預防機制（研議避免再發生安全事故的措施）。

(5) 業者須與員工約定個資保密義務、設定員工接觸個資的權限、對員工實

[1] 參見《個資安全維護計畫》第 3 條至第 17 條。

施個資保護認知宣導及教育訓練。

(6) 若業者將個資作國際傳輸，則業者須將欲傳輸的區域告知當事人，並對資料接收方為監督。

(7) 業者須定期清查確認所蒐集、處理或利用的個資現況，界定哪些個資應納入《個資安全維護計畫》的範圍。並須就個資蒐集、處理或利用的流程，定期評估可能產生的風險，並根據風險評估結果，採行適當的安全措施。且須定期檢查《個資安全維護計畫》執行狀況，並作成評估報告。

(8) 業者須建置維護個資正確性的機制，以及刪除個資的機制。就當事人對其個資請求查詢、閱覽、製給複製本、補充、更正、刪除、停止蒐集、處理或利用的事宜，業者須規定其行使權利、確認其身分的方式等。

國家圖書館出版品預行編目(CIP)資料

給企業人的法律書. 2, 營業秘密保護大作戰 / 寰瀛法律事務所作. -- 初版. -- 臺北市：商訊文化事業股份有限公司, 2024.12
面； 公分. -- (商訊叢書 ; YS09948)
ISBN 978-626-96732-8-5(平裝)

1.CST: 企業經營 2.CST: 法律

494 113019361

給企業人的法律書 2
——營業秘密保護大作戰

作　　者　寰瀛法律事務所
編制統籌　姜維君
責任主編　廖雁昭
執行主編　劉俊輝
封面及內頁設計　徐明瀚
校　　對　寰瀛法律事務所、廖雁昭、劉俊輝

出版者　商訊文化事業股份有限公司
董事長　李玉生
總經理　王儒哲
行　　銷　胡元玉
地　　址　台北市萬華區艋舺大道 303 號 4 樓
發行專線　02-2308-7111#3629
傳　　真　02-2308-4608

總經銷　時報文化出版企業股份有限公司
地　　址　桃園市龜山區萬壽路二段 351 號
讀者服務專線　0800-231-705
時報悅讀網　www.readingtimes.com.tw
印　　刷　宗祐印刷有限公司

出版日期　2024 年 12 月 初版一刷
定　　價　320 元

版權所有・翻印必究
本書如有缺頁、破損、裝訂錯誤，請寄回本公司調換

memo

生活法律小筆記

memo

生活法律小筆記

memo

生活法律小筆記

memo

生活法律小筆記